ORGANISATION DE COOPÉRATION ET DE DÉVELOPPEMENT ÉCONOMIQUES
PROGRAMME POUR LA CONSTRUCTION ET L'ÉQUIPEMENT DE L'ÉDUCATION

ASSURER LA SÉCURITÉ DU MILIEU ÉDUCATIF

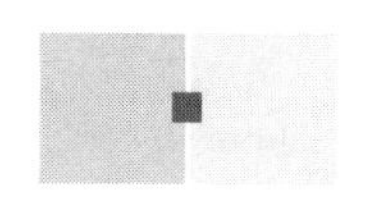

PROVIDING A SECURE ENVIRONMENT FOR LEARNING

PROGRAMME ON EDUCATIONAL BUILDING
ORGANISATION FOR ECONOMIC CO-OPERATION AND DEVELOPMENT

ORGANISATION FOR ECONOMIC CO-OPERATION AND DEVELOPMENT
ORGANISATION DE COOPÉRATION ET DE DÉVELOPPEMENT ÉCONOMIQUES

Pursuant to Article 1 of the Convention signed in Paris on 14th December 1960, and which came into force on 30th September 1961, the Organisation for Economic Co-operation and Development (OECD) shall promote policies designed:

- to achieve the highest sustainable economic growth and employment and a rising standard of living in Member countries, while maintaining financial stability, and thus to contribute to the development of the world economy;
- to contribute to sound economic expansion in Member as well as non-member countries in the process of economic development; and
- to contribute to the expansion of world trade on a multilateral, non-discriminatory basis in accordance with international obligations.

The original Member countries of the OECD are Austria, Belgium, Canada, Denmark, France, Germany, Greece, Iceland, Ireland, Italy, Luxembourg, the Netherlands, Norway, Portugal, Spain, Sweden, Switzerland, Turkey, the United Kingdom and the United States. The following countries became Members subsequently through accession at the dates indicated hereafter: Japan (28th April 1964), Finland (28th January 1969), Australia (7th June 971), New Zealand (29th May 1973), Mexico (18th May 1994), the Czech Republic (21st December 1995), Hungary (7th May 1996), Poland (22nd November 1996) and the Republic of Korea (12th December 1996). The Commission of the European Communities takes part in the work of the OECD (Article 13 of the OECD Convention).

En vertu de l'article 1er de la Convention signée le 14 décembre 1960, à Paris, et entrée en vigueur le 30 septembre 1961, l'Organisation de Coopération et de Développement Économiques (OCDE) a pour objectif de promouvoir des politiques visant :

- à réaliser la plus forte expansion de l'économie et de l'emploi et une progression du niveau de vie dans les pays Membres, tout en maintenant la stabilité financière, et à contribuer ainsi au développement de l'économie mondiale ;
- à contribuer à une saine expansion économique dans les pays Membres, ainsi que les pays non membres, en voie de développement économique ;
- à contribuer à l'expansion du commerce mondial sur une base multilatérale et non discriminatoire conformément aux obligations internationales.

Les pays Membres originaires de l'OCDE sont : l'Allemagne, l'Autriche, la Belgique, le Canada, le Danemark, l'Espagne, les États-Unis, la France, la Grèce, l'Irlande, l'Islande, l'Italie, le Luxembourg, la Norvège, les Pays-Bas, le Portugal, le Royaume-Uni, la Suède, la Suisse et la Turquie. Les pays suivants sont ultérieurement devenus Membres par adhésion aux dates indiquées ci-après : le Japon (28 avril 1964), la Finlande (28 janvier 1969), l'Australie (7 juin 1971), la Nouvelle-Zélande (29 mai 1973), le Mexique (18 mai 1994), la République tchèque (21 décembre 1995), la Hongrie (7 mai 1996), la Pologne (22 novembre 1996) et la République de Corée (12 décembre 1996). La Commission des Communautés européennes participe aux travaux de l'OCDE (article 13 de la Convention de l'OCDE).

Programme pour la construction et l'équipement de l'éducation

Le Programme pour la construction et l'équipement de l'éducation (PEB : Programme on Educational Building) opère dans le cadre de l'Organisation de Coopération et de Développement Économiques (OCDE). Il promeut les échanges internationaux au niveau des idées, de l'information, de la recherche et de l'expérience dans tous les domaines de la construction et de l'équipement de l'éducation.

Les préoccupations essentielles du Programme sont d'assurer que l'enseignement retire le maximum d'avantages des investissements dans les bâtiments et les équipements, et que le parc de bâtiments existants soit planifié et géré de manière efficace.

Les trois thèmes principaux du Programme sont :

- améliorer la qualité des bâtiments scolaires et mieux les adapter aux besoins, et contribuer ainsi à accroître la qualité de l'enseignement ;
- veiller à ce que la meilleure utilisation possible soit faite des sommes considérables que l'on consacre à la construction, au fonctionnement et à l'entretien des bâtiments scolaires ;
- signaler rapidement l'incidence qu'ont sur les équipements éducatifs les tendances qui se dessinent dans l'enseignement et dans la société en général.

Programme on Educational Building

The Programme on Educational Building (PEB: Programme pour la construction et l'équipement de l'éducation) operates within the Organisation for Economic Co-operation and Development (OECD). PEB promotes the international exchange of ideas, information, research and experience in all aspects of educational building.

The over-riding concerns of the Programme are to ensure that the maximum educational benefit is obtained from past and future investment in educational buildings and equipment, and that the building stock is planned and managed in the most efficient way.

The three main themes of the Programme's work are:

- improving the quality and suitability of educational facilities and thus contributing to the quality of education;
- ensuring that the best possible use is made of the very substantial sums of money which are spent on constructing, running and maintaining educational facilities; and
- giving early warning of the impact on educational facilities of trends in education and in society as a whole.

Avant-propos

Ce rapport fait suite au séminaire international organisé par le Programme pour la construction et l'équipement de l'éducation de l'OCDE (PEB), en collaboration avec les régions d'Émilie-Romagne et de Toscane. Le séminaire, également intitulé « Assurer la sécurité du milieu éducatif », s'est déroulé en Italie, à Bologne et Florence, du 27 au 31 mai 1997.

L'auteur du rapport de synthèse et des conclusions est Antoine BOUSQUET, Inspecteur général de l'administration de l'éducation nationale auprès du Ministère français de l'éducation nationale. Les idées exprimées lui sont personnelles et ne reflètent pas nécessairement celles de l'OCDE.

Ce rapport est publié sous la responsabilité du Secrétaire général de l'OCDE.

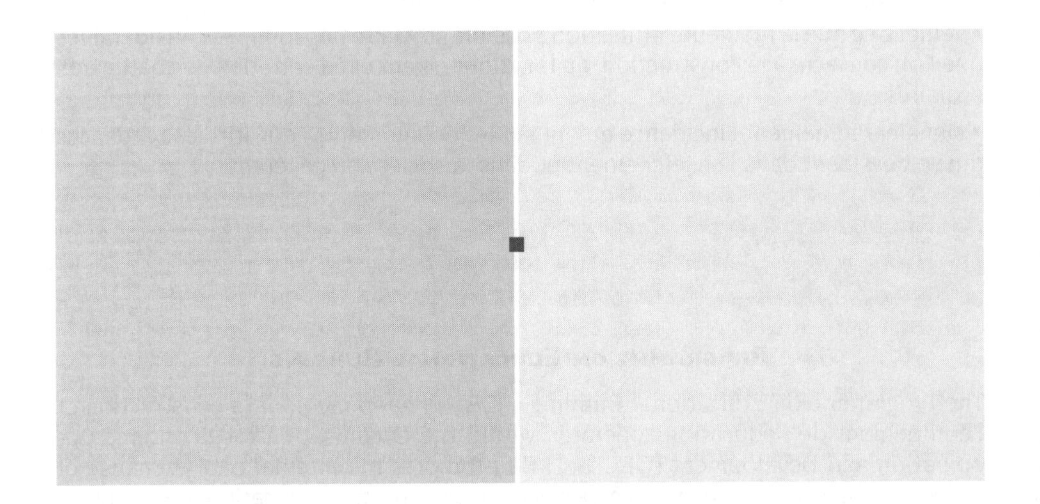

Foreword

This report follows the international seminar organised by the OECD Programme on Educational Building (PEB) in co-operation with the regions of Emilia-Romagna and Tuscany. The seminar, also entitled "Providing a Secure Environment for Learning", took place in Bologna and Florence, Italy, from 27 to 31 May, 1997.

The author of the synthesis report and conclusions is Antoine BOUSQUET, *Inspecteur général de l'administration de l'éducation nationale* in the French Ministry of Education. The opinions he expresses are his own and do not necessarily reflect the views of the OECD.

This report is published on the responsibility of the Secretary-General of the OECD.

Remerciements

Le Comité directeur du PEB, le Secrétariat du PEB ainsi que le Rapporteur général, remercient les autorités régionales, provinciales et communales des Régions Émilie-Romagne et Toscane de leur accueil et de l'aide efficace apportée à l'organisation du séminaire.

Ils remercient également les chefs d'établissement et leurs collaborateurs ainsi que les élèves de ces établissements pour leur disponibilité et leur compétence.

Leurs remerciements s'adressent enfin tout particulièrement à Madame Edy BOLOGNESI, Responsable du service de la construction et de l'éducation de la Région Toscane (Département éducation et culture) et à Monsieur Giuseppino FIORAVANTI, Responsable du service de la construction et de l'éducation de la Région Émilie-Romagne (Assessorat à la formation professionnelle, travail, école et université).

Aknowledgements

PEB's Steering Committee and Secretariat and the General Rapporteur express thanks to the regional, provincial and communal authorities of the Emilia-Romagna and Tuscany Regions for their welcome and their kind assistance in organising the seminar.

They also thank the directors, staff and pupils of the schools for their availability and professionalism.

Particular thanks go to Mrs. Edy BOLOGNESI, Head of the Education and Buildings Services Division, Tuscany Region (Educational and Culture Department), and Mr. Giuseppino FIORAVANTI, Head of the Education and Buildings Services Division, Emilia-Romagna Region (Vocational Training, Work, School and University Department).

Table des matières

Table of Contents

Introduction

Pour une conception élargie de la sécurité

Jusqu'à présent, la question de la sécurité des établissements scolaires était envisagée, dans les travaux du PEB, essentiellement du point de vue architectural, et, plus généralement, du point de vue des incidents qui pouvaient trouver leur cause dans des événements liés à l'activité scolaire (voir PEB Échanges, revue du PEB, OCDE, Paris, avril 1995 : « Sécurité : une recherche permanente »).

Le thème du séminaire, « Assurer la sécurité du milieu éducatif », intègre de nouvelles préoccupations à la réflexion conduite par le PEB, notamment celles des responsables d'établissement de plus en plus conscients des menaces provenant autant de l'intérieur que de l'extérieur des bâtiments scolaires et pesant sur les personnes et les biens.

La notion de sécurité s'élargit. Elle intègre à l'acception traditionnelle une nouvelle dimension qui prend en compte d'autres types de menaces et fait de l'attitude des responsables un élément clé de l'efficacité des politiques conduites en ce domaine. À l'aspect statique de la notion de sécurité s'ajoute un aspect dynamique, que rend la différence entre les termes anglais de *safety* et de *security*. Par ailleurs, la *prévention* et la *protection* sont deux notions fondamentales pour cerner la question de la sécurité, aussi ont-elles fait l'objet d'un examen détaillé au cours du séminaire.

La sécurité des locaux, des équipements scolaires ou universitaires et des personnes, a été jusqu'à présent envisagée essentiellement par rapport aux risques classiques (incendie par exemple ou, dans certaines zones, tremblement de terre). Ce sont, le plus souvent, le défaut d'entretien, l'usure, l'obsolescence ou la non-conformité des équipements qui ont été mis en cause au regard de l'évolution du progrès technique, du renforcement des normes protectrices (voir la directive européenne du 30 novembre 1989), des progrès de la connaissance et des phénomènes de prise de conscience collective (question de l'amiante par exemple). Ce sont les facteurs matériels qui ont prévalu dans l'approche de la question de la sécurité. L'usage que les élèves, les étudiants et les personnels d'administration, d'entretien, d'éducation ou de formation font des équipements a généralement été appréhendé à travers la question des normes de qualité des matériaux ou bien à travers celle de l'agencement des bâtiments et, plus particulièrement, de leur aspect fonctionnel (accès des secours, circulation intérieure des personnes, évacuation en cas de sinistre).

Les conséquences de l'ouverture des locaux scolaires et universitaires, l'élargissement de leur utilisation à d'autres activités que la formation initiale à laquelle ils sont principalement destinés, ont également été étudiés par le PEB, notamment lors du séminaire de Lyon (France) en mars 1995. Mais là encore, il s'agissait avant tout d'une réflexion sur la typologie d'actions nouvelles, à caractère pédagogique ou non, sur leurs conséquences sur la gestion et l'adaptation des locaux et des équipements scolaires, et enfin sur la recherche des facteurs de réussite de cette ouverture et des limites qu'il convenait de déterminer. La question de la sécurité avait été envisagée, mais de façon subsidiaire. Faisant référence avec pertinence aux conceptions des années soixante-dix sur les écoles largement ouvertes, à la dégradation sociale de l'environnement, à la crise économique qui a perturbé les règles de base de la vie sociale, le rapporteur général, André Lafond, soulignait que la mission de l'école, « son premier souci et son premier devoir, étaient de se protéger et de protéger les élèves contre les menaces de l'extérieur ». Car l'école « demeure parfois le seul lieu où le droit soit encore respecté, où les enfants puissent, dans le calme et en toute sécurité, réapprendre le sens des valeurs sociales et les règles de la vie communautaire ».

Le séminaire intitulé « Sous un seul toit ? », organisé par le PEB à Stockholm en novembre 1996, a mis en évidence des questions nouvelles liées à des scénarios plus complexes sur la sécurité et la sûreté. Il a répondu en cela à la directive ministérielle sur l'éducation de l'OCDE à propos de l'apprentissage tout au long de la vie. En d'autres termes, la question de la sécurité doit être envisagée aussi dans le cadre élargi de l'enseignement obligatoire et post-secondaire ainsi que pour tous les équipements ou activités partagés avec d'autres partenaires.

Le champ de réflexion du PEB couvre désormais les établissements scolaires primaires et secondaires comme les structures universitaires. Bien entendu, il convient de tenir compte des particularités de l'enseignement supérieur. La dispersion et l'accès souvent libre des campus, l'importance des bâtiments en raison du nombre d'étudiants (pouvant aller jusqu'à plusieurs dizaines de milliers sur un seul site), la valeur parfois considérable des matériels (laboratoires de recherche), modifient les conditions de sécurité. La population étudiante elle-même, composée d'individus majeurs, demande des réponses différentes de celles que réclament les élèves, y compris ceux des lycées, qui, pour la plupart, dépendent civilement et pénalement de leurs familles.

Par ailleurs, la demande exprimée par la société ne concerne plus seulement l'égalité d'accès à l'éducation et à la formation. Elle s'étend à la qualité du service rendu en termes de contenu de l'enseignement et d'accueil dans des locaux sûrs et adaptés aux exigences et aux risques actuels de la vie en communauté. La demande sociale, celle des personnels comme celle des élèves et de leurs familles, exige, en termes d'organisation, qu'elles soient de nature architecturale, juridique ou sociale, des réponses efficaces à la violence, c'est-à-dire aux menaces nouvelles, extérieures ou intérieures à l'école.

Pressentant enfin que les réponses privilégiant les moyens physiques ou juridiques atteignent rapidement leurs limites, la réflexion des membres du séminaire a entendu inclure expressément le facteur humain, c'est-à-dire tout ce qui relève non seulement de la responsabilité des principaux acteurs pris isolément, mais de l'organisation de leurs rapports tant dans la phase de conception et de réalisation des bâtiments que dans celle de gestion de l'activité éducative et de formation.

La notion de sécurité ainsi entendue dans son acception la plus large, dans ses aspects matériels autant qu'humains, a été l'objet de la réflexion proposée aux participants du séminaire de Bologne et Florence. Tous les éléments architecturaux, socioculturels, ainsi que ceux qui ont trait à la direction et à la gestion des établissements ont été exposés et analysés non pas seulement en tant qu'entités distinctes mais à la lumière de leurs interactions. L'influence du milieu dans lequel sont placés et agissent les responsables des établissements d'enseignement a en outre elle aussi été prise en compte.

Des enjeux sociaux et financiers considérables

Les participants ont été invités à se prononcer sur ces différents thèmes et chacun d'entre eux a pu, par un programme de visites d'écoles maternelles et primaires et d'établissements de formation professionnelle secondaires et post-secondaires et d'universités des régions d'Émilie-Romagne et de Toscane, mesurer les enjeux politiques et financiers liés à la question de la sécurité et appréhender de façon concrète les réponses apportées aux problèmes par les responsables techniques, administratifs et politiques des établissements scolaires, des communes et des régions visitées. En outre, M. Gianluca Borghi, conseiller pour l'éducation de la Région Émilie-Romagne, ainsi que M. Paolo Benesperi, conseiller pour la Région Toscane, ont apporté lors de la séance plénière d'ouverture un éclairage essentiel qui a fortement inspiré les travaux du séminaire.

M. Gianluca Borghi a en effet insisté sur trois éléments fondamentaux : la nécessité pour les responsables, à quelque niveau qu'ils soient, de prendre en considération la sécurité dans son sens le plus large ; le caractère primordial de la prévention et l'opportunité d'un renforcement de la démocratie locale (par le développement d'instances de concertation incluant responsables politiques et administratifs et usagers) pour lutter efficacement contre l'insécurité ; enfin, la nécessité de prendre en compte le coût de la mise en conformité des établissements scolaires. En Italie, ce dernier est estimé à un million de lires par élève, ce qui représente un budget de 4 milliards de dollars, coût que les collectivités locales responsables des bâtiments scolaires ne peuvent pas assumer seules. Ceci n'inclut par le coût des actes de vandalisme qui peut être lui aussi très élevé et que l'un des intervenants estimait pour les établissements scolaires au Royaume-Uni à 49 millions de livres sterling pour l'année 1992/93, dont 22 millions environ pour les incendies volontaires.

M. Paolo Benesperi a pour sa part souligné que l'école est désormais ouverte aux exigences de la société. Elle ne peut plus être envisagée indépendamment des autres secteurs de la vie sociale. Elle est aujourd'hui intégrée dans ce que l'on a coutume d'appeler la politique sociale, tant au niveau européen comme l'a montré le livre blanc de la Commission européenne sur la compétitivité, la croissance et l'emploi, qu'au niveau national, particulièrement en Italie. Cela est d'autant plus essentiel que « ce sont les jeunes qui ont été le plus pénalisés par les conséquences des politiques conduites depuis vingt ans » et qui ont vu en Italie leur part passer de 5 % à 3 % du PIB pour la période allant de 1970 à 1997. Intégrer l'école dans la cité, au coeur de la cité, par l'utilisation de bâtiments industriels désaffectés ou historiques, est l'un des axes de la politique suivie par la Région Toscane et par la Région Émilie-Romagne. Cette intégration préservée ou renforcée de l'école dans la ville peut permettre de lutter efficacement contre l'insécurité. Elle a constitué l'un des pôles de réflexion lors du séminaire.

Phénomènes d'insécurité : prévention, protection, responsabilités

L'organisation du séminaire a confirmé les orientations proposées dans le rapport préparatoire :

– les responsabilités des individus, des autorités de l'éducation et autres organismes afin de garantir la sécurité maximale du milieu éducatif ;
– les implications des récents développements pour les responsables de la conception et de la gestion des équipements éducatifs ;
– la recherche d'un équilibre entre le souci d'assurer la sécurité et le fonctionnement de l'établissement ;
– l'importance de relations actives entre l'école et le reste de la communauté pour la promotion et la garantie de la sécurité ;
– les problèmes techniques et conceptuels tels que l'évaluation des risques, la surveillance, les mesures d'urgence, le contrôle de l'accès et la délimitation du terrain ;
– les besoins en matière de régulation, de recherche et de conseil sur les questions de sécurité pour les responsables locaux de la gestion des équipements.

Ces six questions ont été regroupées, pour les besoins de l'organisation du séminaire, en trois thèmes principaux :

– la connaissance et la mesure des phénomènes d'insécurité ;
– les mesures de prévention et les degrés de protection ;
– la responsabilité des autorités éducatives et la mise en place de politiques partenariales.

Les développements qui suivent ont pour objectif de restituer de façon synthétique les interventions présentées lors des séances plénières ainsi que les débats qui ont suivi. Ces derniers sont illustrés par les visites d'établissements et complétés par les conclusions des trois groupes de travail. Trois études de cas présentées au cours du séminaire figurent en annexe.

Première partie

Une prévention efficace de la violence et des risques inhérents à l'activité éducative

De l'ensemble des relations et des travaux présentés par les rapporteurs des groupes de travail, il ressort que la sécurité est mieux garantie et l'insécurité efficacement combattue par un ensemble de mesures conduites de manière concomitante par une action coordonnée de l'ensemble des acteurs individuels ou institutionnels, et non pas de façon séparée selon une logique, un calendrier et des contraintes propres à chacun des acteurs de l'école. Il est donc apparu très nettement que le souci de la prévention devait inspirer les responsables à tous les niveaux et pour tous les aspects de la vie de l'établissement, depuis la conception des structures scolaires jusqu'à l'organisation de leur gestion pédagogique et administrative.

La prévention de la violence, quelles que soient sa nature et son origine, et le traitement de ses conséquences, qu'elles soient matérielles ou corporelles, sont d'autant plus efficaces que les règles applicables tant aux bâtiments qu'au déroulement des activités scolaires sont définies à travers des structures de concertation réelle et de mise en oeuvre en partenariat. Il est cependant apparu tout aussi clairement que ni la concertation ni le partenariat ne devaient atténuer la responsabilité de tous ceux qui sont conduits soit à conseiller ou évaluer, soit à décider.

La prévention doit s'appuyer sur une connaissance réelle des phénomènes mettant en cause la sécurité du milieu éducatif. Les débats dans les trois groupes de travail, dont la composition, reposant principalement sur les compétences linguistiques, a accentué la diversité des approches et des sensibilités, ont toutefois indiqué sans ambiguïté qu'il est tout à fait nécessaire de distinguer ce que le rapport préliminaire avait identifié comme étant plus qu'une nuance sémantique. Il s'agit, d'une part, de ce qui relève de la sécurité entendue au sens classique et qui concerne avant tout la structure des bâtiments, la qualité des matériaux, la conformité des matériels ou des machines-outils et, d'autre part, de ce qui relève de situations incertaines, voire dangereuses, et qui ont leur origine dans le comportement des individus, qu'ils appartiennent ou non à l'établissement scolaire. Dans cette dernière hypothèse, il convient en outre de distinguer le trouble intérieur à l'établissement de la menace extérieure à l'établissement.

1.1 Améliorer la connaissance des phénomènes d'insécurité et de violence

L'enjeu de cette connaissance scientifique des phénomènes d'insécurité ou de violence est essentiel tant pour les décideurs politiques nationaux ou régionaux que pour les responsables locaux des établissements scolaires.

1. Dans un contexte où *l'autonomie* des établissements scolaires, et a fortiori universitaires, est considérée comme la modalité d'organisation de l'enseignement la plus à même de répondre aux exigences de la société et aux besoins d'une population scolaire très hétérogène, la *responsabilité* des autorités locales, comme celle des chefs d'établissement, s'accroît. Elle concerne la conception et la gestion des bâtiments comme l'organisation de l'enseignement, y compris les relations avec les acteurs sociaux et économiques. Ces autorités ne peuvent dans certains cas ni prévoir, ni donc prévenir et résoudre seules des situations pouvant rapidement s'avérer dangereuses ou déboucher sur des actes violents. L'émotion légitimement ressentie par les élèves et leurs familles dans des cas très graves ne doit pas conduire les responsables éducatifs à des réponses de circonstance et souvent peu adaptées à la réalité de la situation. Il leur faut donc disposer des moyens d'une connaissance exacte de la menace et si possible la prévenir ou agir à un moment où ses effets sont maîtrisables.

2. Ce besoin d'une meilleure connaissance des phénomènes d'insécurité et de violence est également justifié par la conscience partagée de l'augmentation des incidents et de la relativité de leur perception tant du point de vue de leur fréquence que de leur gravité. S'il convient de ne pas nier la gravité de certains actes ou situations, il est tout aussi indispensable de relativiser l'importance de certains phénomènes de violence scolaire. Il convient également de concevoir la violence sous tous ses aspects et non pas seulement en termes d'agression physique, actes qui heureusement restent limités, ou de délits, mais aussi en termes d'incivilité, d'injustice, d'arbitraire etc., et enfin de déterminer la part de chacun d'eux et de leur influence dans la perception individuelle ou collective de la violence en général. « L'idée que l'on se fait de la menace a autant d'importance que la réalité de cette menace », concluait le rapporteur de l'un des trois ateliers.

Les participants ont également relevé, dans la conduite des enquêtes sur la violence dans les écoles, l'attitude réservée et parfois hostile des chefs d'établissement mais aussi des enseignants, voire des responsables locaux, qui ne tiennent pas à mettre l'accent trop ouvertement sur des événements qui ternissent l'image de leur école ou qui en rendent le fonctionnement plus délicat.

3. De nombreuses questions ont été posées au cours du séminaire. Quelles sont ces menaces intérieures et extérieures aux établissements ? Quelle est la part relative de chacune d'entre elles ? Quelles conséquences ont-elles sur la sécurité des personnes et des biens ? Ont-elles la même nature et la même intensité selon le lieu d'implantation – milieu urbain ou rural – et le type d'activité des établissements - scolaire ou universitaire, éducation générale ou professionnelle ? Une typologie peut-elle être dressée ? La violence qui s'exerce contre les établissements scolaires est-elle spécifique et différente de celle qui frappe d'autres structures emblématiques de la société, telles que les supermarchés, les transports en commun ou les stades accueillant de grandes manifestations sportives ? Combien d'établissements scolaires ou universitaires sont-ils touchés par la violence et l'insécurité ? Il est apparu nécessaire de développer des instruments permettant une meilleure connaissance des phénomènes d'insécurité ou de violence et tout particulièrement d'établir des indicateurs. Ces indicateurs sont d'autant plus nécessaires que l'appréhension des causes et la perception même des incidents et des agressions sont très relatives et varient considérablement dans le temps et l'espace. Tous les participants ont souligné non seulement un besoin d'information complète et vérifiée mais aussi la nécessité d'une interprétation « sérieuse » des enquêtes qui devraient être lancées.

Ils ont donc manifesté clairement un besoin d'instruments de connaissance et de mesure des phénomènes physiques ou sociaux ayant une influence sur le fonctionnement normal des structures éducatives et au sein desquelles les questions de sécurité et de violence prennent de plus en plus d'importance. Ces instruments, qui existent déjà à des degrés divers dans certains pays Membres de l'OCDE, facilitent l'exercice de la responsabilité tant dans la phase de conception des locaux et de leur mise en sécurité que dans celle de la gestion quotidienne, de l'organisation de la vie scolaire, et dans les relations avec les institutions nationales ou locales (justice et police par exemple) et les familles. Cette information doit ensuite être mise à la disposition de tous. A l'université d'Oslo, les étudiants sont régulièrement informés dans le cadre de campagnes visant à diffuser une information objective.

En Grande-Bretagne, si l'on prend les chiffres de 1994 cités par C. Bissel, architecte auprès du Ministère de l'éducation et de l'emploi du Royaume-Uni (Statistical Bulletin 12/94 : *Survey of Security in Schools*, Department for Education and Employment, Londres, août 1994), on a répertorié 161 000 actes de vandalisme, dont 13% pendant les heures de classe, 35 000 vols dont plus de 25% pendant les heures de classe, 3 400 incendies criminels dont 15% pendant les heures de classe. En France, les chiffres établis par la Direction centrale de la sécurité publique (Bilan 1995) montrent que pour ce qui est de la violence scolaire à l'encontre des élèves (coups et blessures, racket, attentats aux moeurs, violences légères) la majorité des faits sont commis à l'intérieur de l'établissement, et en majorité par des élèves scolarisés dans l'établissement. Il en va de même pour ce qui concerne les violences scolaires à l'encontre des personnels (78% dans les établissements scolaires). Le phénomène de l'intrusion est réel mais encore limité. Les actes les plus graves sont également limités mais tendent à augmenter et sont commis par des élèves de plus en plus jeunes (voir, en France, les résultats de l'appel d'offres lancé par la Direction de l'évaluation et de la prospective (MEN) et l'Institut des hautes études sur la sécurité intérieure - IHESI).

4. L'intervention de Don Hardman, de l'Université nationale australienne, sur « L'évaluation des risques et l'élaboration d'un plan stratégique de sécurité », a montré que dans la procédure de révision des dispositifs de sécurité concernant le campus de l'Université nationale australienne, la phase préalable de recueil, de vérification et d'interprétation des informations est fondamentale. Elle doit englober l'ensemble des facteurs concourant à une meilleure sécurité. « Les principales causes de risques devraient être examinées eu égard en particulier à la sécurité des personnes, à la sécurité des bâtiments et de leur contenu, et à la sécurité des aménagements paysagers et de toute oeuvre d'art qu'ils contiennent. Il faut s'interroger avec sérieux au sujet des dispositifs de sécurité en place, eu égard en particulier à l'enregistrement des incidents, afin de les analyser. »

Une convergence d'opinions s'est donc dégagée de l'ensemble des interventions au sein des trois groupes de travail quant à la nécessité de mettre au point des « méthodes d'enregistrement des incidents et une analyse régulière des tendances et des mécanismes de contrôle de l'information en retour ». On peut à cet égard citer l'enquête trimestrielle qui a lieu en France sur les phénomènes d'absentéisme et de violence dans les établissements publics locaux d'enseignement (lycées et collèges) qui a été lancée à partir du second trimestre de l'année solaire 1996/97.

5. Des essais de *classification* simple ont été présentés à partir de critères relevant principalement du droit pénal ou civil, ou de l'application des règles disciplinaires de l'établissement : les crimes et les délits à la suite de vols, de racket, de coups et blessures, de vente et usage de drogue et qui donnent lieu de plus en plus fréquemment à des réactions rapides et fermes de la part des responsables des établissements et donc à des poursuites judiciaires ; les phénomènes d'incivilité générés par des attitudes telles qu'insultes ou menaces, dégradations de bâtiments ou de matériels qui traduisent de façon plus ou moins ouverte un climat d'insécurité ressenti autant par les élèves que par les personnels.

Une proposition émise par les participants a été d'aider et d'associer étroitement les écoles à ces opérations d'évaluation et d'aller jusqu'à leur donner les instruments leur permettant de conduire une *auto-évaluation*. Certains ont en effet considéré que les problèmes de sécurité ou de violence ont plus souvent une origine interne qu'externe aux établissements. Ils résultent par exemple d'une gestion interne déficiente, ou d'actes de vandalisme des usagers de l'école, ou ont leur origine dans des méthodes pédagogiques qui instituent des rapports difficiles entre les enseignants et les élèves ou encore dans les relations entre les personnels et les usagers de l'école.

L'exemple de L'*enquête de sécurité* cité par C. Bissell indique comment les établissements scolaires peuvent procéder à leur propre enquête de sécurité et s'auto-évaluer du point de vue des risques encourus pour envisager ensuite les mesures de sécurité à prendre. Elle se décompose en trois parties :

– l'évaluation des actes de délinquance déclarés au cours des douze derniers mois ;

– l'évaluation des facteurs liés à l'environnement et aux bâtiments qui contribuent à la sécurité de l'école ;

– l'évaluation des dispositifs de sécurité déjà mis en place.

Cette conception de l'auto-évaluation reporte les choix des mesures de sécurité sur les responsables des établissements et sur les personnes responsables de la prévention de la délinquance au niveau local.

6. La mise en place d'*observatoires* dont les missions peuvent être très variables relève d'une autre problématique. Leurs attributions peuvent aller de la définition de la réglementation jusqu'au suivi et à la mesure des phénomènes remettant en cause la sécurité des établissements. La relation du professeur Romano del Nord de l'Observatoire national sur la construction des écoles (Italie), intitulée « La sécurité des établissements dans le cadre de la nouvelle réglementation italienne sur le bâtiment scolaire », a apporté un éclairage essentiel sur ce qu'étaient les missions et les fonctions de cet organisme, tout particulièrement dans le cadre de la définition de la nouvelle réglementation relative à la sécurité des bâtiments scolaires.

Dans un autre registre, on peut également mentionner l'existence en France de l'Observatoire national de la sécurité des établissements scolaires et d'enseignement supérieur, créé en 1995, qui a pour mission essentielle l'analyse des situations de risques, leur évaluation, et la préconisation de mesures préventives concernant l'ensemble des éléments constitutifs de l'activité scolaire, allant de l'état général des bâtiments ou des installations à celui des matériels et de leur utilisation et aux comportements des personnes. A titre d'exemple, on peut citer l'information élaborée par cet observatoire sur la question de l'amiante dans les bâtiments scolaires, sur les variétés d'amiante, leurs formes d'utilisation, sur les risques d'exposition, sur les opérations de maintenance et de nettoyage et sur la restitution des locaux après les travaux (voir le rapport annuel : *L'état de la sécurité en 1996* et *La sécurité des établissements d'enseignement : questions juridiques*, 1997). On peut également se référer au programme pluriannuel de l'Académie de Créteil (1996-2001) qui, entre autres mesures, a prévu la mise sur pied d'un Observatoire de la violence en milieu scolaire. Sa mission principale est de recenser tous les incidents, de mesurer et donc de donner aux faits leur juste mesure afin de contrebalancer les effets d'une sur-médiatisation, de classer les différents types de violence permettant ainsi des réponses pédagogiques et éducatives appropriées mais aussi de prendre, en cas de nécessité, des sanctions disciplinaires ou judiciaires.

Ce type de structure expérimentale, qui ne concerne pas encore toutes les académies, doit à terme permettre, ainsi que le souligne le rapport de l'Inspection générale de l'éducation nationale du ministère français (*La violence à l'école*, 1994), de « conduire une politique de gestion des phénomènes de violence scolaire qui prévoie et anticipe avec une certaine probabilité les lieux et les moments de leur déclenchement. La prévention trouve dans ce dispositif planifié son support indispensable ».

En Grande-Bretagne, ainsi que l'a indiqué C. Bissel dans son intervention sur « La sécurité dans les établissements scolaires », le Architects & Building (A&B) Service du Ministère de l'éducation et de l'emploi dispense de la même façon à l'attention des chefs d'établissements, des membres des conseils d'administration des écoles, des responsables de la gestion des locaux et des autorités locales, des conseils sur la prévention des incidents : un nouveau guide sur la sécurité devrait être publié en 1997. Le groupe de travail sur la sécurité à l'école, mis en place en Grande-Bretagne après le meurtre du proviseur londonien Philip Lawrence, a lui aussi publié un nouveau guide intitulé *Improving Security in Schools*. Cette brochure comprend des conseils sur la gestion de la sécurité, examine le rôle respectif des différents acteurs, et « indique comment les établissements scolaires peuvent procéder à leur propre enquête de sécurité, s'auto-évaluer du point de vue des risques encourus et envisager ensuite les mesures de sécurité à prendre pour faire face à ce degré de risque ».

1.2 Quelles mesures pour quel type de protection ?

Si l'on a pu observer un consensus sur la nécessité de développer les instruments de connaissance et de mesure des phénomènes de violence, une convergence de vues a également émergé des multiples réponses apportées à la question posée et dont la variété s'explique par la diversité à la fois des cultures politiques et administratives des participants au séminaire et des situations juridiques et socio-économiques des établissements visités.

Protéger l'école ne signifie pas la couper de la société, mais, après avoir compris et admis qu'elle est inévitablement perméable aux évolutions de celle-ci, la mettre en condition de répondre aux difficultés qu'elle doit affronter comme toute autre institution. L'alternative n'est plus entre *école ouverte* et *sanctuaire clos*. Un établissement scolaire doit être protégé autant contre les risques intérieurs que contre les agressions extérieures.

Quelles mesures de protection pour quels types de menaces ? Comment concilier le souci de garantir la protection des personnes tout en assurant le fonctionnement normal de l'établissement scolaire ? A quel moment intégrer la sécurité dans le fonctionnement administratif et pédagogique de l'établissement ?

1.2.1 L'école doit être considérée comme un *espace défendable*

L'école doit être défendue

Le thème le plus important de la discussion a peut-être été celui du choix entre une conception défensive et une conception active de la sécurité. L'école doit-elle être défendue ? Poser la question revient à admettre qu'elle est l'objet d'agressions susceptibles de remettre en cause sa mission éducative entendue dans le sens le plus général.

Le rapport de base avait, pour illustrer cette préoccupation qui touche tous les établissements scolaires, quoique à des degrés divers, cité les propos du ministre français chargé de l'éducation. « Ce n'est pas l'école qui crée la violence. Cette violence est essentiellement importée, transférée. Elle est très souvent le fait d'éléments extérieurs. C'est pourquoi je défends le principe d'une protection du territoire de l'école, d'une extraterritorialité, manifestées par une clôture effective qui défende l'école et les plus faibles de ceux qu'elle accueille contre les agressions extérieures. »

Les réponses apportées au cours des débats ont largement montré que la question ne devait pas être posée en termes de confrontation entre deux conceptions opposées.

Là encore, la situation particulière de chaque établissement commande les mesures qu'il convient de prendre. A cet égard, un campus universitaire peut et doit rester ouvert moyennant certaines précautions parfois drastiques et sans concession eu égard à la gravité de la situation (par exemple : aménagement d'un espace défendable, surveillance accrue et rondes de sécurité), comme l'a montré l'étude sur le campus de l'Université nationale australienne de Kenneth Fisher. En revanche, les établissements scolaires, secondaires ou primaires, dans lesquels sont accueillis de jeunes enfants, doivent à l'évidence faire l'objet d'un traitement différent et adapté.

L'école ne saurait être transformée en *forteresse* ni en *sanctuaire*

Cette argumentation a été confirmée dans sa généralité : l'école doit être défendue et les réponses qu'il convient d'apporter doivent être relativisées ; l'école ne saurait être transformée en forteresse. Les participants au séminaire ont en effet approuvé l'observation du professeur Romano del Nord pour qui « l'école, en perdant son caractère de structure monofonctionnelle autonome offrant un service spécifique, se rapproche toujours plus d'autres fonctions du territoire qui l'entoure ainsi que d'autres services sociaux, ce qui a pour conséquence de faire pénétrer sur son territoire à elle des facteurs de risque jusque là inconnus ».

Le souci de ménager des *espaces défendables* a toutefois été clairement exprimé, notamment par l'érection de murs ou de grilles, empêchant ou rendant plus difficiles les intrusions. Ceci, comme l'a fort bien montré C. Bissell dans son intervention, n'aboutit pas nécessairement à *sanctuariser* les écoles. Ce choix politique fondamental n'a par exemple pas été celui des autorités de la ville de Genève, même si, comme l'a évoqué André Nasel, Responsable des écoles de la ville de Genève, la violence en provenance de l'extérieur n'épargne pas les écoles primaires genevoises. La réponse consiste bien sûr toujours à éviter « le camp retranché ».

La réflexion associant tous les partenaires de l'école, y compris les élèves eux-mêmes qui sont sensibilisés à travers des conseils d'école au sein desquels ils débattent de la violence et apprennent à réagir contre elle, doit être organisée dans l'école elle-même. Kari Anne Stabben (Norvège) a par ailleurs fait observer qu'il ne fallait pas surprotéger les enfants mais surtout leur apprendre à affronter le monde extérieur. Le rapporteur d'un des ateliers faisait remarquer qu'« à la suite des événements tragiques qui se sont produits récemment en Belgique, et du fait du mauvais climat général au Royaume-Uni, de plus en plus de parents emmènent leurs enfants à l'école en voiture. Or, les enfants sont plus exposés à des risques d'accident de voiture qu'à des risques d'agression (plus le nombre de voitures augmente, plus le risque d'accident est élevé) ».

Pour un autre intervenant, Ricardo Merlo, architecte à l'université de Bologne, « l'école est sûre si la ville est sûre ». Les mesures permettant de lutter contre la violence, de la réduire, ne concernent pas uniquement l'école. La question doit être examinée globalement en fonction de la structure urbaine dans laquelle l'école est placée. L'insécurité est plutôt l'affaire des grands centres dont le tissu social est désagrégé, où la solidarité sociale s'est affaiblie ou n'existe plus. La réponse à la violence extérieure, à l'insécurité, dépasse dans ce cas l'école elle-même. Il est symptomatique que les problèmes relatifs à la violence raciale ou xénophobe n'aient pas été évoqués. La structure sociale des villes de ces régions italiennes explique peut-être cette absence.

Comment protéger l'école ?

En premier lieu, les responsables des établissements doivent avoir une attitude claire et ferme. La réponse de principe apportée par le séminaire est donc dénuée d'ambiguïté : il est tout aussi indispensable de ne pas encourager les réflexes sécuritaires que de ne pas laisser démuni un établissement au nom d'une vision angélique ou naïve de l'institution scolaire.

Les réponses techniques le sont tout autant : par exemple en ce qui concerne la sécurité de l'enceinte du bâtiment, toute porte donnant sur l'extérieur doit être contrôlée. S'il convient de ne pas construire d'école de type *carcéral*, les vitrages des portes et des fenêtres doivent être réduits et renforcés. Quant au contrôle des accès, il ne faut pas hésiter à installer des portails, des systèmes électroniques ou des caméras vidéo, ce qui n'est pas incompatible avec la nécessité d'aires d'accueil et d'attente agréables, conviviales et non isolées.

Le travail de prévention par une conception concertée des locaux intégrant les questions de sécurité, l'entretien régulier et l'adaptation technique des locaux, ne sont pas suffisants sans une implication constante des responsables de tous niveaux au maintien d'un climat de participation à la vie de l'établissement et sans l'intransigeance des responsables face aux auteurs des déprédations ou d'actes dangereux ou délictueux. C'est ce que l'on constate aujourd'hui dans les établissements qualifiés de difficiles ou de sensibles. A cet égard, l'institution d'un règlement intérieur, transmis à chaque élève et à sa famille qui doivent le signer et dans lequel, entre autres rubriques, figurent explicitement les droits et obligations des élèves incluant les questions de sécurité et les règles de comportement ainsi que les sanctions applicables en cas de non respect, s'avère souvent un instrument efficace de prévention de la violence sous toutes ses formes et donc positif du point de vue de la sécurité interne de l'établissement. Ces éléments sont fondamentaux car si l'on prend un ensemble d'établissements dont les « indicateurs sociaux » traduisent une situation dégradée, parmi ceux-ci certains feront face au climat d'insécurité ou de violence de façon plus efficace que d'autres. La différence s'expliquera par le « climat de l'établissement », que l'équipe de direction et les enseignants auront su instaurer et préserver.

Il convient en second lieu de maintenir l'école dans le tissu urbain et social. Le déroulement en Italie du séminaire et tout particulièrement dans les deux régions d'Émilie-Romagne et de Toscane a eu une influence majeure sur les débats. L'un des principaux thèmes de discussion du séminaire a en effet porté sur les conditions du maintien ou de l'implantation des établissements scolaires dans des bâtiments du patrimoine historique ou industriel. Les établissements scolaires visités tant à Bologne qu'à Ferrare ou à Florence et Pistoia ont montré que les bâtiments anciens étaient souvent plus facilement « défendables » que les constructions ouvertes des années soixante-dix. Cette observation s'applique également à d'autres pays. Ainsi que le relevait C. Bissel, « ce qui est ironique, c'est que de nombreuses écoles datant de l'ère victorienne et édwardienne, en particulier dans les zones urbaines, sont souvent assez faciles à transformer en établissements relativement sûrs, alors que les constructions récentes conçues pour l'enfant posent de plus gros problèmes. Les grands établissements d'enseignement secondaire construits après la guerre, sur des sites ouverts, connaissent en général les pires difficultés, surtout lorsque le public a accès à des installations communes et lorsque le public a accès aux terrains de l'école en dehors des manifestations officielles ».

Le caractère historique et esthétique des bâtiments anciens, souvent à l'origine de difficultés d'aménagement et de surcoûts immédiats, représente aussi, tant pour les élèves que pour les personnels, des facteurs positifs non négligeables dans la lutte contre le vandalisme ou permettant de réduire les tensions à l'intérieur des établissements. Il va de soi qu'il ne s'agit pas de répéter les erreurs des années soixante-dix, soulignées par André Lafond en 1995, en citant l'exemple d' « un collège construit au pied d'immeubles collectifs d'habitation et intégré à ceux-ci (qui) a dû récemment être démoli en raison des difficultés de fonctionnement et être remplacé par une construction de type traditionnel ». Le centre de Bologne pour le lycée Minghetti, installé dans un palais de la fin du XVIème siècle, et de Ferrare pour l'école hôtelière, installée dans un couvent du XVème siècle, ont peu de choses en commun avec les quartiers périphériques de la ville de Lyon.

L'implantation d'établissements scolaires ou universitaires dans des bâtiments industriels désaffectés est un autre aspect de cette problématique. Tout dépend dans cette hypothèse de leur localisation, au centre ou à la périphérie de la ville. De ce point de vue, les établissements visités, comme par exemple l'Institut Einaudi de Pistoia, installé dans une ancienne fabrique de locomotives, ou l'École d'ingénieurs de l'université de Ferrare, installée dans une ancienne sucrerie, montrent que l'avantage que l'on peut tirer de ces bâtiments industriels peut être aussi amoindri par les difficultés d'accès éprouvées par les élèves ou les étudiants. Ces difficultés sont de plusieurs ordres : éloignement, sécurité des trajets, isolement des structures éducatives ou de formation, environnement dégradé par la présence d'autres friches industrielles ne faisant l'objet d'aucune réhabilitation, absence de vie sociale et culturelle proche. La taille moyenne des villes italiennes visitées limite cet effet négatif en retour, sans toutefois l'effacer complètement, ainsi que l'indiquait la pétition des élèves de l'École d'ingénieurs proposant de saisir les autorités municipales de la sécurité des voies d'accès.

Dans sa relation sur l'Institut professionnel commercial d'état Luigi Einaudi de Pistoia, l'architecte Lorenzo Pelamatti reconnaissait que certaines précautions de surveillance de l'école avaient été prises en contradiction avec le plan général qui prévoyait une interpénétration du milieu scolaire et des fonctions urbaines. « Nous avons doté l'édifice d'une solide enceinte qui contredit cette interpénétration, ainsi que d'autres mesures comme l'installation d'un système d'alarme anti-intrusion suffisamment efficace. Et ceci en raison de l'environnement extérieur, aujourd'hui encore en grande partie à restructurer, qui apparaît objectivement hostile, même si tous nous espérons qu'il puisse être complètement récupéré ». Les réponses ne sont en conclusion pas toujours évidentes et prennent bien souvent l'observateur à contre-pied.

1.2.2 L'architecture des bâtiments scolaires : la notion d'acceptabilité

Tout au long du séminaire, tant en assemblée plénière que lors des ateliers, les intervenants ont unanimement considéré que le débat devait sortir des faux dilemmes. Il y a nécessairement des mesures minimales de protection intérieure et extérieure des établissements scolaires. Il est acquis que ces mesures sont aujourd'hui plus « sévères » qu'hier en raison de l'évolution de la société et des exigences qui pèsent sur le système scolaire, de l'inadaptation de nombreux établissements, notamment universitaires, résultant de facteurs variés, comme on l'a montré précédemment, mais aussi de l'afflux d'élèves ou d'étudiants dû à la démocratisation du système éducatif (allongement de l'obligation scolaire portée jusqu'à 16 ans et poursuite des études au-delà par un nombre sans cesse croissant de jeunes).

Il reste qu'un certain nombre de mesures sont inacceptables ou en tout cas acceptées différemment selon les types d'établissements scolaires, leur lieu d'implantation et leur environnement culturel. Il en va ainsi des caméras de surveillance et des détecteurs de métaux, ou de tout autre procédé matériel ou humain (comme les vigiles) contraignant, alors qu'ils sont acceptés, voire souhaités, dans d'autres activités regroupant un grand nombre de personnes. « Alors que je me félicitais de pouvoir expliquer que dans les établissements d'enseignement post-secondaire au Royaume-Uni, les caméras de surveillance sont chose courante, j'ai surpris sur les visages des participants (à ce séminaire) des expressions horrifiées. » (Don Hardman) La notion d'acceptabilité doit donc être prise en compte. Elle ne doit cependant pas aboutir à masquer la réalité ni à justifier l'inaction.

La question n'est plus de se demander s'il faut agir. La seule question est de savoir jusqu'où l'on peut aller sans remettre en cause l'activité éducative elle-même. La spécificité de l'institution scolaire, de sa mission éducative et la sensibilité de ses personnels semblent exclure non pas certains moyens mais l'utilisation imposée de certains moyens. Comment dès lors les faire accepter lorsqu'ils s'avèrent nécessaires?

1. La nécessité de garantir la sécurité par des normes nationales doit laisser la possibilité aux décideurs locaux et aux responsables des établissements une marge d'adaptation pour tenir compte des circonstances locales.

Il a été toutefois clairement affirmé que ce qui pouvait être admis dans un certain contexte pouvait très bien ne pas l'être ailleurs. Ce qui est possible et même souhaitable pour des campus universitaires ne l'est pas pour des écoles primaires ou secondaires. Comme le précisait Don Hardman dans sa relation, « chaque évaluation, chaque résolution potentielle sont différentes puisque chaque situation est unique en son genre. » Par exemple, l'installation de circuits internes de télésurveillance peut être un facteur décisif de prévention de la violence dans certains établissements ou au contraire un facteur aggravant, à l'origine de réactions de rejet parfois violentes, dans d'autres.

La différence la plus intéressante réside dans le degré de liberté qui peut être reconnu aux établissements scolaires pour assurer la sécurité ou faire reculer l'insécurité. Il ne s'agit pas en effet de garantir une sécurité totale. Le « risque nul » n'existe pas. Mais la question est ouverte de savoir si la réglementation doit être complète, la plus précise possible, ne laissant aux responsables locaux et aux chefs d'établissement que l'obligation de la mettre en oeuvre et de la financer, ou si une marge d'appréciation réelle leur est ménagée. Il semble qu'en réalité on ne puisse observer de systèmes aussi fortement contrastés et que l'on soit en présence de systèmes mixtes qui se différencient sur la marge d'une appréciation plus ou moins grande laissée dans la mise en oeuvre aux responsables locaux.

Dans tous les cas de figure il existe cependant une réglementation générale qui porte essentiellement sur les bâtiments et les installations et qui découle, pour les pays de l'Union européenne par exemple, soit de normes européennes qui, comme l'a montré le professeur Romano del Nord, sont transposées au niveau du droit national, soit de normes purement nationales dans des secteurs très précis et qui prennent en compte des situations particulières nouvelles, par exemple la récente réglementation française pour lutter contre les intrusions dans les établissements scolaires. Poursuivant sa démonstration, l'intervenant différencie ce qui ensuite relève de la compétence infra-étatique ou régionale pour terminer par ce qui relève du « détail », c'est à dire de l'établissement. Ainsi, dans le travail de hiérarchisation des normes en matière de sécurité des établissements scolaires effectué par l'Observatoire, peut-on distinguer : 1° les normes qui s'appliquent à tous ; 2° les normes comportant des marges pour tenir compte de contextes spécifiques et 3° les recommandations sur des comportements qui doivent s'aligner sur les normes nationales ou intermédiaires (régionales) et qui, non détaillées, laissent une marge d'appréciation importante aux responsables des établissements.

La question des *cahiers des charges types*, intégrant les mesures minimales de protection susceptibles d'inspirer les architectes et les décideurs au moment de la conception et de la rénovation, a également été évoquée. Existent-ils et par qui sont-ils élaborés ? Comment concilient-ils les mesures destinées à prévenir et à traiter les risques classiques, tels l'incendie (accès direct pour les pompiers, évacuation des personnes, etc.) et celles destinées à prévenir la violence importée (limitation des accès directs, serrures de sécurité, fenêtres anti-effraction, etc.) ?

2. La qualité architecturale et les choix esthétiques sont des éléments fondamentaux de prévention de la violence et de lutte contre l'insécurité.

Les mesures permettant d'assurer la sécurité interne et externe des établissements scolaires ne sont pas seulement d'ordre juridique, politique ou social. La qualité de la conception architecturale et l'esthétique des établissements scolaires peuvent contribuer efficacement à la sécurité des établissements d'enseignement.

Les débats ont montré que la taille des établissements pouvait être, dans certains contextes sociaux, un facteur aggravant. Confirmant des débats déjà conduits au sein du PEB, certains participants ont considéré que les établissements de 450 à 500 élèves, mais calibrés pour 600, étaient ceux qui offraient les meilleures conditions de sécurité. C'est dans de tels établissements que, pour eux, l'enseignement s'organise prioritairement en fonction des besoins pédagogiques des élèves et que les rythmes scolaires sont conçus eux aussi dans le respect des besoins physiologiques et psychiques des élèves. L'élévation, d'un étage maximum, est aussi considérée comme un facteur essentiel pour la maîtrise de la vie à l'intérieur des bâtiments et donc de la sécurité.

Pour d'autres intervenants, la tendance observable est plutôt de favoriser le regroupement pour aboutir à des établissements d'environ 1000 élèves, ce qui permet des économies d'échelle significatives. Le coût n'est pas seulement un élément qui prend le pas sur les objectifs d'éducation ou de formation. Tout dépend en effet de la structure pédagogique et de la population accueillie. Par exemple, on découvre en France les effets positifs de certaines « cités scolaires », regroupant un collège et un lycée, dans lesquels peuvent coexister des formations générales et technologiques, sur l'orientation des élèves et la réussite scolaire.

3. La *qualité esthétique*, lorsqu'elle est intégrée dès la conception, n'est pas en contradiction avec les exigences de sécurité et de protection des bâtiments et des personnes. Elle peut au contraire concourir à la prévention de façon très efficace.

Le débat sur la question de la modernité a permis de vérifier la défiance de tous vis-à-vis d'une architecture qui relèverait plus d'un souci esthétique et de « l'expérimentation de formes les plus utopiques de l'architecture contemporaine » que du souci de favoriser le déroulement harmonieux et efficace de l'action éducative. L'intervention de l'architecte Claudio Fantozzi sur une école de Livourne située en bord de mer a bien illustré ce débat en donnant un exemple d'école réussie tant sur le plan esthétique que sur le plan fonctionnel. L'école présentée est fermée dans sa conception architecturale. Tout est conçu pour éviter les intrusions, et en général pour limiter les menaces venant de l'extérieur. En réalité tout, dans son esthétique et son organisation, a été pensé pour aboutir à une école ouverte mais contrôlable de l'intérieur. L'architecture, c'est à dire le respect des normes et l'intelligence de l'organisation interne intégrant les objectifs de la pédagogie, alliée au souci esthétique, à savoir l'invention des formes et les références et rappels historiques, sont ensemble les facteurs principaux de la sécurité. L'école de Livourne est à cet égard une réponse à la crainte malheureusement souvent fondée de l'inadaptation des nouvelles écoles plus inspirées par « le geste architectural de leur créateur » que par le souci de concilier les exigences de l'enseignement et celles de la sécurité.

1.2.3 Le financement des mesures de protection

Les visites d'établissements (voir infra) ont illustré de façon exemplaire la possibilité, pour un coût apparemment supportable par la collectivité, d'inventer des formes attractives mais simples, avec des matériaux robustes, insonorisés, des circulations internes faciles à surveiller, disposant de lieux de vie pour les élèves, ainsi que d'espaces de travail en petits groupes.

Quel est donc le coût de telles adaptations ? Qui doit les financer ? Comment les financer ? Si les responsables des établissements doivent prendre toutes les mesures nécessaires pour garantir la sécurité des personnes à l'intérieur des bâtiments, ils ne disposent généralement pas des moyens de les financer au niveau de leur budget. Ce sont en général les collectivités de rattachement - régions, communes ou État - qui sont propriétaires des bâtiments et qui à ce titre doivent en assumer la charge financière. Il n'a pas été possible, bien entendu, de dresser ce panorama financier des charges de mise à niveau. En dehors des chiffres généraux cités par G. Borghi pour l'Italie (cf. supra) dans son intervention introductive au séminaire, et des informations disponibles sur le système éducatif français (2,5 milliards de francs pour une période de 5 ans à partir de 1994 en faveur des établissements d'enseignement élémentaire du premier degré, 4 milliards pour les établissements d'enseignement supérieur à partir de 1996, hormis la question de l'amiante), les travaux du séminaire n'ont apporté que des informations ciblées selon les établissements visités ou présentés lors des ateliers.

L'acuité des menaces et la réaction des partenaires du système éducatif à l'occasion d'accidents spectaculaires ou d'événements graves ont souvent contraint les responsables politiques à des *plans d'urgence*. On peut aujourd'hui ajouter que la *législation européenne* est un autre élément obligeant les collectivités à agir dans un certain délai et à un certain niveau de protection. Enfin, il a été proposé aux participants d'évoquer la question des *discriminations positives* permettant d'accorder des moyens spécifiques à des établissements se trouvant dans des situations ou des contextes sociaux ou économiques particulièrement difficiles et qui sont exposés plus que d'autres aux risques internes et aux menaces extérieures (zones d'éducation prioritaires, zones sensibles, établissements déclarés particulièrement difficiles, etc.).

1.2.4 L'organisation administrative et pédagogique

1. Sur le plan de l'organisation administrative, on observe une double évolution. Tout d'abord une adaptation des moyens juridiques et institutionnels mis à la disposition des chefs d'établissement leur permettant de réagir rapidement et préventivement, par exemple pour sanctionner les intrusions de personnes non admises à pénétrer dans les locaux scolaires ou pour les prévenir. Ensuite, un renforcement de la solidarité à l'intérieur des établissements par une association plus étroite des élèves et de leurs familles à la définition globale du projet d'établissement et à l'élaboration du règlement intérieur dans lequel sont incluses sans ambiguïté les questions disciplinaires. Cela résulte d'une demande spécifique des élèves eux-mêmes, traumatisés par des actes de violence, parfois extrêmement graves, produits à l'extérieur ou à l'intérieur de l'établissement. Cette demande s'oppose parfois à celle des enseignants ou de la direction des écoles, qui n'ont pas la même perception ou conception de la sécurité, et qui hésitent dans certains cas à dénoncer des conduites ne relevant pas simplement du règlement intérieur de l'établissement mais du code pénal et à donner ainsi une image peu séduisante de l'établissement.

2. En ce qui concerne l'organisation de la pédagogie, la question est tout aussi délicate. N'est-on pas fondé à se demander si la violence, lorsqu'elle a son origine dans le refus d'une école qui ne répond pas aux attentes de certains jeunes, ne devrait pas inciter les autorités à réfléchir à un autre type d'organisation pédagogique et par voie de conséquence à un autre type de bâtiment, de salle de classe, de salle de travail ou de documentation, etc. ? On admet bien que la spécificité de certains enseignements, notamment professionnels, commande tel ou tel type de structures ou d'équipements. On pressent déjà que les nouvelles technologies introduiront un nouveau rapport entre le maître et l'élève et donc une nécessaire réflexion sur l'organisation pédagogique et matérielle des écoles. Pourquoi l'urgence de redonner confiance dans l'éducation et la formation à une part non négligeable de la population scolaire ne conduirait-elle pas aussi à cette évolution ?

La réflexion a bien entendu depuis longtemps commencé et de nombreuses expérimentations sont conduites dans tous les systèmes éducatifs. Certaines sont financées par l'Union européenne à travers des projets pilotes concernant des jeunes en échec scolaire complet et dont le refus de l'institution scolaire se manifeste par l'absentéisme ou l'abandon pur et simple des études, mais également par des manifestations de violence contre les biens et les personnes. Le séminaire s'est penché sur cette question, concluant qu'on ne peut en effet dissocier, dans cette réflexion, la conception des bâtiments, les modalités d'organisation de l'activité éducative et de formation et les objectifs pédagogiques.

Deuxième partie

Les politiques partenariales au cours des différentes étapes de la vie l'établissement

Les politiques partenariales apparaissent à toutes les étapes de la vie de l'établissement scolaire comme le mode le plus efficace pour prévenir la violence et garantir la sécurité. Le rapport de base proposait aux participants du séminaire d'orienter la discussion autour d'un axe principal. Il s'agissait d'examiner la relation entre l'évolution de l'organisation administrative, qui tend à un renforcement de l'autonomie des établissements et donc à un développement des compétences et des responsabilités propres des chefs d'établissement, et l'instauration ou le renforcement des politiques partenariales, tant à l'intérieur de l'établissement qu'entre l'établissement et les autorités responsables, nationales ou locales, de la politique éducative, mais également de la politique sociale, de l'ordre public et de la justice. L'objectif consiste bien entendu à vérifier l'efficacité de ces politiques partenariales pour la prévention des accidents et de la violence et pour la garantie de la sécurité du milieu éducatif.

2.1 Politiques partenariales et responsabilité des autorités chargées de l'éducation

On constate partout que la responsabilité des autorités de l'éducation est de plus en plus souvent engagée. L'éducation est soumise, comme les autres secteurs de la vie sociale, sans doute avec un certain décalage, à un mouvement de type consumériste. Selon l'organisation administrative, voire politique, des états, les réponses sont extrêmement variées. Mais on peut distinguer, à partir des exemples fournis lors de ce séminaire, des orientations communes.

On observe tout d'abord une implication plus fréquente et plus étroite des responsables d'établissement dans la conception des bâtiments et des équipements collectifs. Leur expérience est sollicitée et peut s'exprimer non seulement sur les conséquences architecturales de l'organisation des enseignements mais également en matière de prévention de risques de toute nature. En France, il n'est pas rare que le chef d'établissement pressenti pour diriger un nouvel établissement soit associé au projet dès le début, ainsi que lors des travaux de construction et d'aménagement. En Italie, les établissements visités ont montré que cette collaboration entre les autorités responsables de la construction, de l'extension ou de la rénovation, et les responsables ou futurs responsables était une réalité et que cette collaboration, parfois très subtile, pouvait s'étendre à d'autres partenaires de l'école : les élèves, les enseignants mais aussi d'autres services publics concernés par la sécurité en général (voir infra).

Les chefs d'établissement sont entourés d'organismes du type Commission d'hygiène et de sécurité, dont les membres peuvent voir leur responsabilité engagée s'ils n'ont pas satisfait à leurs obligations.

La formation initiale et continue des personnels administratifs et enseignants à la sécurité est une autre orientation commune. Former et sensibiliser les personnels aux dangers et risques de toutes sortes à l'occasion d'activités pédagogiques très diverses, apprendre à déceler les signes précurseurs de tension entre les individus ou les groupes d'individus, doit faire partie des programmes de formation initiale et continue de l'ensemble des personnels, qu'il s'agisse des personnels d'encadrement, de surveillance, de service ou d'enseignement. On ne peut en effet, dans certains cas, résoudre les difficultés avec pour seuls moyens la bonne volonté ou le désir d'établir des relations de confiance. Gérer des situations de crise s'apprend. Celles qui naissent d'un climat de violence, intérieure ou extérieure, d'agressivité ou de peur génératrice de comportements difficilement maîtrisables en font parfois malheureusement partie.

Dans quelle mesure la formation aux questions de sécurité est-elle inscrite dans les programmes de formation ? Quel en est le contenu ? Par qui est-elle assurée ? Qu'en est-il des règles d'affectation ? Existe-t-il des organismes ayant une vocation générale de formation aux questions de sécurité, tel l'Institut des Hautes Études sur la Sécurité Intérieure en France ? On peut à cet égard citer les efforts fournis par certains pays pour introduire dans les plans de formation initiale et continue des actions de formation concernant toutes les catégories de personnels sur tous les aspects de la sécurité, qu'il s'agisse des matériels, des activités pédagogiques ou d'autres aspects plus spécifiques relatifs à la violence (voir, pour la France, le *Plan national de formation*, Bulletin Officiel spécial n°5, juin 1997).

Cette politique de formation est généralement prolongée, ou devrait être prolongée, à chaque fois que cela s'avère possible, par une politique d'affectation des personnels de direction et d'enseignement expérimentés, dans les établissements difficiles ou sensibles. Enfin, si la question des taux d'encadrement n'a pas été approfondie, les visites d'établissements des deux régions italiennes ont montré que les fonctions essentielles, relatives à la sécurité, à la santé et à la surveillance, étaient assurées, en nombre suffisant, par des personnels dont c'était la mission principale et qu'ils l'exerçaient non pas isolément mais en impliquant l'ensemble de la communauté éducative et avec un appui fort du chef d'établissement.

2.2 Le partenariat ne se limite pas à une simple consultation des intéressés

La consultation des intéressés par les décideurs, que ce soit dans la phase de conception et de rénovation ou de construction des établissements scolaires, ou au cours de la phase de gestion de ces établissements, ne constitue pas la limite du partenariat. Les visites ont bien illustré cette tendance, que chacun des participants considère comme irréversible ou devant être instaurée lorsque les systèmes sont encore très centralisés.

La réunion de travail qui a eu lieu au lycée d'état *Marco Minghetti* à Bologne a permis d'illustrer l'intérêt d'un partenariat entre toutes les parties prenantes de la restauration et de l'adaptation de l'immeuble dans lequel est installé ce lycée classique secondaire. L'intervention de l'architecte Stephano Magagni, de la municipalité de Bologne, était articulée autour de la recherche d'un équilibre entre la sécurité et le respect de la mission éducative et le caractère historique du bâtiment. Il s'agissait de résoudre les éventuels conflits entre la législation concernant la sécurité et celle concernant les beaux-arts, mais également de respecter la nécessité de garantir la sécurité d'un établissement placé en centre ville, sans discontinuité architecturale, et entouré d'activités tertiaires intenses.

La réussite de l'opération est due essentiellement à une politique volontariste de la part de la ville quant à l'utilisation systématique des immeubles publics et à leur rénovation, malgré des coûts importants, et relative à l'instauration d'une concertation efficace au sein d'une commission d'établissement dirigée par le professeur d'enseignement artistique, chargée de se prononcer sur la conception des espaces intérieurs et sur leur affectation. Le résultat observable donne l'impression d'une opération réussie d'adaptation d'un immeuble historique aux contraintes de l'action éducative. Il restera ensuite, selon les dires des responsables de l'établissement, à faire acquérir aux générations d'élèves qui se succéderont des comportements respectueux des lieux et une culture de la prévention et de la sécurité pendant les activités scolaires particulières à ce lycée.

La visite de l'école maternelle communale *Cantalamessa* à Bologne illustre également un certain type d'organisation partenariale, renforcée d'une part, pendant la période de conception et de réalisation, par la constitution d'un groupe de travail associant administrateurs, éducateurs et architecte et, d'autre part, à travers la gestion de l'action éducative elle-même. Également installée dans un immeuble privé dont la destination originelle ne le prédisposait pas à l'accueil de très jeunes enfants, cette école, du point de vue architectural, cherche à favoriser non seulement le développement de l'enfant mais aussi l'intégration des partenaires de l'école, en particulier les parents, à l'activité pédagogique.

Ce parti pris est considéré comme le facteur principal d'intégration de l'école dans la ville et la garantie d'une *sécurité active*, c'est à dire maîtrisée par l'ensemble des partenaires, et tout particulièrement les familles qui peuvent être associées à l'activité pédagogique et à qui l'accès est autorisé à certaines heures de la journée. On se trouve là en présence d'une école ouverte, dont les « défenses structurelles » (murs, grilles, contrôle des entrées) sont presque inexistantes ou en tout cas peu dissuasives. Ce modèle d'organisation matérielle et pédagogique a cependant un coût d'investissement très lourd (2,3 milliards de lires). Le coût du fonctionnement, lui aussi assez important (eu égard au nombre d'élèves accueillis : 156 pour l'ensemble crèche-maternelle, et au nombre de personnels : 32), est partagé entre le budget de la ville et les familles.

Le partenariat ne s'est pas dissous une fois la rénovation achevée et l'école installée. Le groupe de travail a été maintenu et a pu, après trois ans de fonctionnement de l'école, proposer des aménagements visant à améliorer la sécurité et les conditions de travail.

2.3 Le partenariat n'exonère aucun des acteurs de leurs responsabilités

Il est apparu en effet que les politiques partenariales, comme on l'a montré ci-dessus, n'entraînent pas la confusion des rôles ni l'atténuation des responsabilités, qu'elles soient administratives ou pénales. La complexité de l'organisation administrative elle-même ne saurait être considérée par le juge comme un élément atténuant la responsabilité en cas d'accident. C'est ainsi que la circulaire du ministre français sur la sécurité des équipements des ateliers des établissements dispensant un enseignement technique ou professionnel, datant du 13 décembre 1996, à propos de l'application de la directive européenne du 30 novembre 1989, peut être interprétée dans ce sens. Si les régions n'ont pu dégager les moyens financiers permettant l'achèvement des plans pluriannuels de mise en conformité des équipements des lycées, ce qu'a constaté l'Observatoire national de la sécurité des établissements scolaires et d'enseignement supérieur, les chefs d'établissement, et eux seuls, sont tenus de prendre certaines mesures face à la gestion d'équipements non conformes. En cas d'accident, le juge appréciera s'ils ont accompli « les diligences normales, compte tenu de leurs compétences, du pouvoir et des moyens dont ils disposaient ainsi que des difficultés propres aux missions que la loi leur confie ».

Il a été également fait allusion à la mise en cause, de plus en plus fréquente, des responsables devant les tribunaux, en cas d'accident mettant en cause l'intégrité physique des personnes ou celle des bâtiments à l'occasion d'activités pédagogiques. Mais loin de refuser ces responsabilités, au moins dans le discours, on a eu le sentiment que chaque acteur, responsable régional ou communal, chef d'établissement, architecte, personnel d'enseignement ou administratif, tenait à affirmer son rôle et donc sa légitimité particulière, politique, pédagogique, administrative ou technique.

Il en est de même pour les élèves qui doivent être, sans ambiguïté, appelés à répondre de leurs actes. Au Royaume-Uni et en Suède, les assemblées d'écoliers, qui disposent d'un budget propre, sont responsables des actes de vandalisme et doivent réparer à leurs frais, au détriment d'autres activités plus agréables. En France, en 1996, le gouvernement a établi un plan de prévention de la violence à l'école. Les mesures prévues par ce plan concernent plus particulièrement l'encadrement des élèves, de façon à ce qu'ils puissent recevoir l'aide et le soutien pédagogique dont ils ont besoin, à travers notamment le resserrement des liens avec les familles, l'organisation d'une prérentrée des parents des élèves de sixième, le recours à des médiateurs et à des interprètes afin de faciliter le dialogue entre les enseignants et les familles d'origine étrangère.

La sensibilisation à la responsabilité et l'éducation à la citoyenneté doivent figurer parmi les actions préventives privilégiées des responsables administratifs et pédagogiques. Cela rejoint les observations précédentes sur « l'école au coeur de la cité ». Si physiquement l'école doit être implantée dans la ville, sa mission principale est de permettre à l'élève non seulement de développer sa personnalité et ses aptitudes, mais de s'insérer dans la vie sociale et professionnelle.

2.4 La coopération entre les différentes autorités publiques

Certains aspects évoqués par le rapport de base n'ont été ni approfondis ni vérifiés par les visites d'établissements scolaires, notamment pour tout ce qui relève de la coopération entre les services de la justice, de la police et les structures éducatives et de formation. La situation particulière des villes et la nature des établissements visités en est peut-être l'explication. Cependant, dans certains contextes urbains difficiles, cette coopération est l'un des éléments les plus efficaces de prévention de la violence. Elle traduit la prise de conscience, de la part des institutions scolaires, du fait que les réponses à la violence, et donc la prévention, ne peuvent être l'affaire des seuls responsables des systèmes d'éducation, mais nécessitent également une intervention des autres institutions publiques (justice et police).

À titre d'exemple, la politique des autorités académiques en France, concernant recteurs et inspecteurs d'académie, a sensiblement évolué depuis 1994. Des plans académiques ont été mis en place, notamment celui de la Seine Saint-Denis, cité par F. Louis et B. Engerrand dans leur ouvrage sur *La sécurité dans le cadre scolaire* (Hachette éducation, Paris, 1997). Ce plan de traitement de la violence et de la délinquance en milieu scolaire est défini dans un document établi en commun par les autorités académiques et l'autorité judiciaire du ressort de l'académie considérée. Ce partenariat, en résumé, s'organise comme suit. Les chefs d'établissement signalent directement tout délit au Substitut du procureur de la République et à l'Inspecteur d'académie. L'autorité judiciaire s'engage à traiter les affaires signalées en temps réel et à donner, si nécessaire, une suite judiciaire. Il s'agit de supprimer le sentiment d'impunité des jeunes délinquants.

La coopération entre l'éducation et la justice poursuit également un but éducatif. Des solutions telles que la réparation des dégradations, le classement sans suite mais sous conditions après audition des auteurs des infractions ou des délits, de leurs parents et des victimes, sont de préférence retenues lorsque les faits l'autorisent. Une cellule de coordination regroupant les services d'éducation, un membre du tribunal, un membre du ministère public et un responsable de la police assure la cohésion du dispositif. Les résultats sont déjà perceptibles. Le plus remarquable n'est pas tant l'augmentation du nombre d'événements signalés, passant de 312 en 1993/94 à 1350 en 1994/95, mais davantage le « changement de mentalité des personnels qui ne considèrent plus que seuls sont inadmissibles les incidents visant l'institution et ses personnels ».

Il est enfin apparu clairement, au cours de ce séminaire, que l'école doit sortir de son isolement. L'école qui s'organise à travers des partenariats, loin de se dissoudre dans des préoccupations qui ne relèvent pas directement de sa mission éducative et formatrice, garantit sa sécurité et son adaptation aux transformations de la société, ainsi que la prise en compte de sa spécificité par ses partenaires économiques, sociaux et politiques.

Conclusion

La sécurité et la sûreté des établissements scolaires et universitaires sont l'affaire de tous

L'école est-elle en danger ?

Le thème du séminaire, « Assurer la sécurité du milieu éducatif », ne signifie nullement que les conditions de la sécurité soient aujourd'hui dégradées au point de la remettre en cause. La sur-médiatisation de certains événements très graves intervenus au sein des établissements scolaires ne doit pas conduire à une dramatisation excessive ni à une appréciation erronée de la dégradation réelle du fonctionnement de l'école dans certaines zones urbaines où la violence est entrée dans les écoles ou n'épargne plus les établissements scolaires. C'est pourquoi il est nécessaire de développer les instruments permettant de mesurer et d'analyser les phénomènes de violence qui la frappent. A la violence urbaine s'ajoute la lente détérioration des conditions matérielles et de fonctionnement de l'école. La crise économique et les restrictions budgétaires sont les principales causes de l'inadaptation des établissements scolaires aux exigences sociales en matière de sûreté des installations et de progrès technique. Les réponses sont bien entendu entre les mains des responsables politiques, nationaux ou locaux, qui doivent établir des priorités en termes budgétaires et de réglementation, et opérer les arbitrages entre les différentes fonctions que les collectivités assument.

L'école doit être protégée

La sécheresse de l'affirmation révèle non pas un souci d'enfermement, mais, d'une part, la nécessité d'offrir des conditions de sécurité maximales aux usagers des établissements scolaires dans une période économique où les conflits sociaux ou interpersonnels s'exaspèrent rapidement et où les actes de vandalisme contre les biens et de violence contre les personnes augmentent très rapidement, et, d'autre part, l'obligation de garantir le fonctionnement d'une institution clé de l'apprentissage de la vie commune.

Il convient donc de distinguer ce qui relève de la sûreté des bâtiments de ce qui relève de la sécurité des personnes. Si les modalités de cette double protection ne doivent pas aboutir à transformer les écoles en *Bunker*, il ne saurait non plus y avoir de modèles d'écoles sûres comme on parle de prisons modèles dont on ne s'échappe pas. Cependant, il est désormais admis dans un cas comme dans l'autre qu'un certain nombre de mesures sont inévitables et que les refuser ou en négliger la mise en oeuvre est impossible et répréhensible.

C'est en effet ce double phénomène qui est apparu le plus nettement lors des débats de ce séminaire. L'exigence de sûreté et de sécurité pèse aujourd'hui plus fortement sur l'ensemble des responsables politiques, administratifs et pédagogiques. La mise en cause de leur responsabilité par des partenaires plus soucieux de leurs droits a renforcé non seulement la mise en place des dispositifs de sécurité mais a poussé au développement d'attitudes de prévention des incidents de toute nature par la formation, la coopération et le partenariat entre les autorités publiques éducatives, techniques ou judiciaires et de police.

L'école doit être mise en condition de remplir sa mission principale

L'école doit éduquer et former les élèves qui lui sont confiés. Cette exigence doit être prise en compte par l'ensemble de ses « partenaires », depuis sa conception par les architectes jusqu'à l'organisation de l'activité pédagogique par les responsables des établissements. A cet égard, les préoccupations relatives à la sûreté et à la sécurité ne doivent pas prendre le pas sur les exigences de l'éducation et de la formation et *vice versa*. La prévention ne doit plus être pour certains qu'un ensemble de recettes permettant d'éviter le pire, pour d'autres les mesures de sécurité ne doivent plus être les seuls moyens de permettre à l'école de conserver sa capacité de répondre à sa mission et de préparer son évolution. Prévention et mesures de sécurité ne sont plus contradictoires : elles sont désormais complémentaires.

Le travail du PEB doit être prolongé dans cette voie. Les débats, ainsi que les visites d'établissements dans deux des régions les plus dynamiques d'Italie, ont montré la richesse et la diversité des études et des initiatives conduites par les autorités à tous les niveaux des pays de l'OCDE représentés par les participants au séminaire. Il est en effet nécessaire, voire urgent, d'améliorer la compréhension des phénomènes qui mettent en cause la sécurité du milieu éducatif afin de favoriser l'émergence de politiques de prévention et de traitement de la violence scolaire respectueuses des missions de l'école et garantes de l'intégrité des personnes qu'elle a mission d'accueillir, d'éduquer et de former. Cette richesse de la recherche comme la variété des actions doivent être analysées, comparées et partagées.

Émergence et traitement des alertes dans les établissements scolaires

Christophe Hélou, France

Afin de mieux gérer des situations de risque pour les personnes ou les biens, il a été proposé une réflexion sur la façon dont les usagers de l'école perçoivent le danger provenant de dispositifs matériels dans les établissements scolaires et en informent les autorités responsables.

Tout d'abord, partant de l'hypothèse que chacun souhaite évoluer dans une situation dont la sécurité est garantie en permanence, il s'agit d'établir une confiance dans les dispositifs matériels qui permettent l'activité éducative : « L'établissement de la confiance se fait par le contrôle et la norme. » Pour ne pas poser constamment la question de la sécurité de ces dispositifs, chacun fait confiance *a priori* aux experts et à la science ainsi qu'aux responsables politiques quant à leur capacité à intervenir pour garantir la sécurité. En cas d'accident, la sanction n'a d'autre but que de réinstaller la confiance. Elle évite la remise en cause des dispositifs de sécurité et les conforte en mettant en cause les personnes responsables de leur gestion. En effet si un incident survient, c'est moins parce que le dispositif de surveillance conçu pour être efficace ne l'a pas été que parce que la personne chargée de sa gestion a été défaillante. Quand un chef d'établissement est condamné parce qu'un panneau de basket en tombant tue un élève, on ne met en cause que le comportement humain en oblitérant le dispositif lui-même - modalités de construction du panneau, installation et normes auxquelles il est soumis. Ce n'est que plus tard qu'obligation sera faite à tous les chefs d'établissement de retirer les panneaux du modèle incriminé pour les remplacer par des panneaux conçus différemment. La responsabilité d'une instance entraîne l'irresponsabilité de toutes les autres. Elle permet de consolider la confiance dans les dispositifs matériels.

En second lieu, la confiance est mise à l'épreuve par les expériences directes et l'expérimentation du risque. Les expériences directes relèvent davantage de la perception sensorielle (une odeur de gaz par exemple) et s'imposent au corps et à la conscience. Elles relèvent d'une mise à l'épreuve organisée des dispositifs de sécurité. C'est le cas d'un exercice d'évacuation en cas d'incendie. Cependant, s'agissant d'une simulation, le doute sur l'efficacité ou l'absence d'efficacité du dispositif ne peut être enlevé. En réalité, l'expérimentation vise davantage à questionner la responsabilité du gestionnaire qu'à établir l'inexistence d'un doute sur l'efficacité du dispositif de sécurité. Dans les deux cas, il est vain de critiquer les dispositifs de sécurité, car c'est remettre en cause à la fois la science et les experts.

La troisième phase concerne la façon dont l'alerte va être donnée et les éléments qui la rendent crédible. Tant que l'accident n'est pas intervenu, la conscience du danger passe par la nécessité de faire partager l'incertitude dans la fiabilité des dispositifs de sécurité. Entreprise parfois difficile puisqu'il est souvent impossible de l'instrumenter, voire d'en préciser l'origine. Il faut alors que des éléments précis interviennent ou que des instances telles que des syndicats ou des associations lui donnent une publicité différente.

Comment cette alerte est-elle traitée par les institutions publiques ? Dans un premier temps, il est nécessaire que l'alerte, pour être crédible, soit donnée dans les formes attendues d'expression et de preuves. Cela oblige la personne qui lance l'alerte à produire un système de preuves recevables (photos, résultats de test, avis d'un expert, etc.). Cela permet ensuite à la personne qui reçoit l'alerte d'en vérifier la réalité et de peser les intérêts en jeu. Enfin, dans les systèmes hiérarchiques, la transmission de l'alerte respectant la chaîne hiérarchique donne une crédibilité supplémentaire et l'écrit intervient avant tout comme authentification du risque ou du danger signalé.

La réponse des autorités publiques est de montrer qu'elles ont davantage une obligation de moyens qu'une obligation de résultats. C'est ce qui se joue dans les visites des commissions de sécurité. L'instance publique contrôle l'application de normes qui permettent d'établir un risque minimal.

Le compromis s'établit finalement entre les exigences de la sécurité et la nécessité de garantir la continuité de l'action. L'intransigeance peut conduire à la paralysie. La principale contrainte pour les autorités publiques est donc de sélectionner les alertes selon le sérieux dont on peut les créditer et la gravité des risques encourus.

Sécurité et éducation post-obligatoire

Grace Kenny, Royaume-Uni

Cette intervention se rapporte aux établissements qui accueillent en théorie les jeunes de 16 à 19 ans. Si nombre de problèmes relatifs à la sécurité sont identiques quels que soient la structure d'accueil et l'âge des élèves, certains sont cependant spécifiques car beaucoup de ces élèves sont majeurs ou presque et posent des problèmes à un encadrement pédagogique et administratif qui doit apporter des réponses différentes et adaptées à ce public particulier.

Au Royaume-Uni, sur les 2,35 millions d'élèves inscrits dans 435 colleges, 28 pour cent ont moins de 19 ans, mais 52,5 pour cent ont plus de 25 ans. Ces établissements comprennent des écoles d'agriculture et d'horticulture (7 %), des écoles de beaux-arts, de dessin et de spectacle (2 %), des établissements d'enseignement post-scolaire et supérieur général (64 %), les classes de préparation au *General Certificate of Education* (niveau baccalauréat, 24%), et des établissements spécialisés agréés (3 %).

Ces *colleges* ont tous le statut d'établissement indépendant, ce qui fait que chacun d'entre eux est responsable de son budget de fonctionnement, assuré par le *Further Education Funding Council* (Conseil pour le financement de l'enseignement post-scolaire) qui ne prévoit pas d'effort particulier pour les questions de sécurité. En l'absence de données statistiques permettant d'avoir une vue globale du secteur, quelques exemples permettent d'illustrer ce propos, à travers l'analyse des dispositions prises par les responsables de quatre établissements dans l'évaluation des risques et les mesures prises pour garantir la sécurité. Il s'agit des *colleges* suivants : *Saint Helen College* au nord de Liverpool, *Northbrook College* au sud de l'Angleterre, *City and Islington College* réparti sur plusieurs sites au centre et au nord de Londres et *Hackney Community College* dans les quartiers est de Londres et auquel est venu s'ajouter le nouveau site de Shoreditch.

De l'enquête ressortent un certain nombre de points forts confirmant les observations faites par d'autres intervenants ou à l'occasion d'autres études de cas sur des établissements d'enseignement d'autres niveaux ou de systèmes éducatifs d'autres pays de l'OCDE. Il n'est pas fait état de normes s'imposant à tous les établissements. L'expérience de chacun et la politique de l'établissement compensent cette absence de règle générale.

La question de la mobilisation des personnels, devant être en mesure de répondre à tout incident, est primordiale. Le travail en équipe doit intégrer le personnel de sécurité de l'établissement et associer des spécialistes extérieurs à l'établissement. Il est nécessaire de définir le rôle de chacun en cas d'incident. Il est apparu que dans certains *colleges* il n'existe pas de mécanismes formels de notification des incidents.

Il s'agit de définir la nature des agressions et leur origine. Concernant les matériels, les dispositifs de haute technologie et les ordinateurs sont les principaux objets des vols constatés dans les établissements visités. La plupart des vols sont commis par des personnes appartenant à l'établissement (élèves ou personnel), contrairement à ce que l'on peut constater pour les universités ou même les écoles. On constate en outre que la violence familiale ou raciale pénètre à l'intérieur de l'établissement, ce qui confirme les propos tenus par le professeur Romano del Nord dans son intervention.

Les systèmes de contrôle et de surveillance semblent être entrés dans les mœurs. Ainsi en est-il du contrôle des entrées par carte d'identification, badge ou même carte magnétique. Dans certains *colleges*, le système de télévision en circuit fermé est tout à fait admis, même si l'on doit considérer qu'il n'est dissuasif que pour certains types de comportement et ne garantit pas contre toutes les agressions. Les systèmes d'alarme sont diversement appréciés et ne constituent pas, pour beaucoup, une véritable dissuasion.

Les coûts réels des installations de sécurité, de leur entretien et du personnel de surveillance sont difficiles à évaluer. Nous ne disposons pas d'informations pertinentes sur ce point et les données recueillies dans les établissements visités sont trop disparates pour être utilisées ou pour donner lieu à des considérations générales.

Il est intéressant de relever les principes qui ont présidé à la conception d'un nouveau campus de grande taille situé dans les quartiers est de Londres et qui confirment les éléments retenus dans les ateliers ou dans certaines études de cas, notamment celle de Ronald Colven sur « Sécurité et participation » (voir infra).

La création du campus de Shoreditch a démarré par un processus de consultation, notamment de la population locale. Cette consultation a abouti à la définition de prescriptions relatives à la sécurité, qui ont toutes été respectées et mises en oeuvre. Tout d'abord, l'accessibilité doit être facilitée à tous les utilisateurs qui doivent en même temps bénéficier d'un environnement sûr. Les systèmes de protection et de sécurité doivent permettre une protection aussi efficace que discrète et adaptée aux différentes parties du campus. Les considérations relatives à la sécurité ont en partie inspiré l'agencement du site. Plutôt que de clôturer le campus par un mur ou des grilles, la façade des immeubles trace elle-même la limite. Peu d'ouvertures donnent sur l'extérieur au rez-de-chaussée. Des immeubles neufs ont été incorporés parmi les habitations et commerces existants.

Les équipements collectifs et publics, tels les bibliothèques et les amphithéâtres, se situent au rez-de-chaussée. Les classes dont l'accès peut être contrôlé facilement sont au premier étage. Les activités organisées en dehors des heures normales sont possibles à travers des associations et les participants peuvent se voir délivrer une carte d'accès électronique. L'esthétique a été intégrée dans le projet. Partant du principe qu'un lieu sûr n'est pas nécessairement laid, la grille extérieure a été conçue par un ferronnier d'art et le jardin a été orné de fontaines.

La conclusion proposée à la suite de ces observations relativise avec humour la confiance que l'on doit avoir dans les systèmes de sécurité et de protection. S'ils sont nécessaires et inévitables, ils produisent parfois des effets inattendus. Ils peuvent ne faire que déplacer les actes de délinquance ou même les provoquer. Sur l'un des sites du campus, plusieurs vols ont été commis dans le bâtiment principal doté de systèmes de sécurité situé juste en face d'un poste de police. Le responsable de l'établissement constate qu'il est « plus prestigieux d'effectuer un cambriolage tout près d'un poste de police que dans les locaux entourés de haies de l'un des autres sites ».

Le sens de la responsabilité et la vigilance comptent davantage que n'importe quel appareil. L'homme et la machine doivent se compléter. La pose d'appareils de sécurité sophistiqués n'est donc pas incompatible avec la présence d'un gardien de permanence avec un chien. Être en sécurité ne suffit pas ; il faut se sentir en sécurité. Même si l'on ne peut se prémunir contre tout danger ni toute agression, la responsabilité demeure celle de ceux qui, concepteurs ou gestionnaires, ont la charge d'offrir un cadre non seulement agréable mais sûr et sécurisant à ceux qui les fréquentent.

Sécurité et participation

Ronald Colven, Suède

Cette recherche a permis d'illustrer, par les résultats d'une étude réalisée en Suède à partir d'expériences pilotes et d'évaluations, la relation existant entre la participation à la planification et à la gestion des établissements scolaires et le degré de sécurité. Elle a montré ensuite à travers une étude de cas réalisée récemment sur l'école de Strand (Strandskolan) de Tyresö à Stockholm que la sécurité a été un élément important qui a inspiré non seulement les choix techniques mais l'utilisation et la gestion du bâtiment.

Trois questions se posent dans un premier temps :

1. Quelles sont les conséquences des évolutions récentes en matière de sécurité pour les responsables de la conception et de la gestion des équipements éducatifs ?

2. Comment concilier le souci de la sécurité et le fonctionnement normal de l'établissement ? Le mot essentiel autour duquel s'articule le débat est celui de *responsabilité*.

3. Comment tirer parti du lien entre l'école et le reste de la société pour promouvoir et garantir la sécurité ? Le principe selon lequel l'école doit s'ouvrir sur la société puisqu'elle en fait partie intégrante est un principe connu dans le domaine de la planification scolaire. L'importance du lien entre participation et responsabilité devient ici bien visible.

On a cherché à mettre en évidence les obstacles à l'intégration des problèmes de sécurité du milieu éducatif dans la réflexion sur la planification scolaire. Pourquoi la planification scolaire ne parvient-elle pas, dans bien des cas, à proposer des solutions adaptées aux besoins actuels et futurs de l'enseignement ? Pourquoi la conception des locaux scolaires est-elle souvent éloignée des besoins fonctionnels et de sécurité de ceux qui les utilisent ? Pourquoi observe-t-on un si grand nombre de problèmes d'environnement et de défaillances dans les caractéristiques des bâtiments ?

Les résultats de l'enquête ont fait apparaître les principaux résultats suivants :

– le processus de prise de décision est un élément capital pour la coopération ;

– un grand nombre de décisions ont été prises avant que les groupes de référence ou groupes de projet ne commencent à travailler ;

– trop peu de temps a été consacré à l'étude des plans et au choix des matériaux ;

– on constate un manque d'information sur les décisions prises antérieurement et sur la façon dont elles ont influencé les choix ultérieurs ;

– les personnels et les responsables locaux ne sont pas suffisamment formés ;

– les architectes n'ont pas travaillé en collaboration avec le personnel ;
– on note l'absence d'évaluation des projets antérieurs ;
– nombre de décisions ont été prises sans avoir été examinées d'assez près ;
– le partage des responsabilités entre *usagers* et *clients* n'a pas été bien défini ;
– les élèves ont rarement été associés au processus.

De cette analyse découlent un certain nombre de propositions qui visent toutes à agir préventivement en liant étroitement planification et fonctionnement de l'école. C'est à dire, en réalité, à associer l'ensemble des parties intéressées, architectes, personnels et responsables des établissements, au processus de décision et très en amont de celui-ci. Il est capital que le personnel, les architectes et les planificateurs entretiennent des relations de confiance et de compréhension mutuelles si l'on veut éviter les problèmes de communication et assurer la sécurité du cadre bâti.

Le développement de l'exemple de la *Strandskolan* de Tyresö Strand à Stockholm renforce ce propos. Dans ce cas précis, le type de planification, la conception et l'exploitation du bâtiment, reposant sur une forte participation des usagers et des autorités, font que la *Strandskolan* n'a pas de problèmes de sécurité. Si des problèmes de ce genre venaient à se poser, la nature des relations et des responsabilités qui se sont instaurées durant la phase de conception et depuis que l'établissement fonctionne, toutes fondées sur le principe de la participation et de la planification intégrée, fait que ces problèmes seraient abordés dans de bonnes conditions et en toute sécurité.

Le mode d'organisation de cette école en fait un modèle assez répandu en Suède. Il l'est sans doute moins dans d'autres pays de l'OCDE pour qu'on en expose ici les principales caractéristiques. Tout d'abord c'est une école *ouverte* à d'autres besoins de la collectivité. Par exemple, la bibliothèque scolaire est reliée par ordinateur à la bibliothèque principale de la ville : les locaux divers, espaces et ateliers, sont utilisés par des organisations locales le soir et en fin de semaine, le restaurant et la cafétéria sont utilisés aussi bien par la population de l'école que par le public, le centre de loisirs est rattaché aux locaux scolaires pour être utilisé par tous et ses activités font partie des activités de loisir de l'école.

L'organisation pédagogique de l'école est également très originale. Le personnel enseignant est réparti en petits groupes de travail. Chaque groupe est responsable des classes qui lui sont confiées. Les enseignants suivent les mêmes élèves pendant une période assez longue. Les groupes de travail arrêtent eux-mêmes leur emploi du temps et ont une autonomie pédagogique réelle. La responsabilité et le rôle des élèves dans les apprentissages sont très développés. Au quotidien, les méthodes de travail leur permettent de planifier, d'infléchir et d'évaluer le processus d'apprentissage ainsi que leur cadre de travail. L'informatique joue naturellement un grand rôle dans cette organisation. On retrouve, ce qui est plus familier dans d'autres systèmes scolaires, des délégués de classe et des conseils de classe contribuant à la formation des élèves à l'exercice des responsabilités individuelles et collectives. Les parents sont toujours les bienvenus à la *Standskolan*. Enseignants et parents examinent ensemble au début de l'année scolaire les activités de l'école et les emplois du temps.

En ce qui concerne le bâtiment, conçu comme un tout et non pas envisagé de façon fragmentée en fonction de tel ou tel type de matériau ou de telle ou telle utilisation, les mêmes principes de participation et de responsabilité individuelle et collective ont été appliqués tant dans la phase de conception que pour la phase de gestion et de fonctionnement. En ce qui concerne le thème du séminaire, on peut observer que l'effort a porté sur la maintenance et la conception de systèmes et de composants accessibles, réparables et remplaçables, sur la consommation d'énergie et la création d'un cadre intérieur approprié qui n'incite pas à la consommation d'énergie. Le comportement des individus est donc essentiel, notamment pour l'utilisation du système de ventilation qui n'est ni anonyme ni automatique. Le comportement de l'usager est pris en compte. Il doit pouvoir actionner un système facile à comprendre et à entretenir. C'est ainsi qu'a été installé un système de chauffage et de ventilation pouvant être réglé selon la classe ou l'espace occupé.

École maternelle *Cantalamessa* (0-6 ans), Bologne
Cantalamessa Nursery School (0-6 year olds), Bologna

Lycée *Minghetti*, Bologne
Minghetti Secondary School, Bologna

Lycée technique commercial *Rosa Luxemburg*, Bologne
Technical and Business Secondary School *Rosa Luxemburg*, Bologna

Institut technique commercial *Marco Polo*, Ferrare
(couvent du début du XVIe siècle)

Marco Polo Technical and Business Institute, Ferrara
(early XVI century convent)

École d'ingénieurs de l'Université de Ferrare
(installée dans une ancienne sucrerie)

School of Engineering, University of Ferrara
(established in an old sugar factory)

École hôtelière O. *Vergani*, Ferrare (couvent du XVe siècle)
Hotel and Catering School O. *Vergani*, Ferrara (XV century convent)

Institut professionnel de commerce *Luigi Einaudi*, Pistoia
(ancienne fabrique de locomotives)

Professional Institute for Business *Luigi Einaudi*, Pistoia
(refurbished locomotive factory)

(planétarium - planetarium)

École primaire d'éducation environnementale *Areabambini Verde*, Pistoia

Primary School for Environmental Education *Areabambini Verde*, Pistoia

Centre de ressources pour l'innovation didactique et éducative, Pistoia
Resource Centre for Didactic and Educational Innovation, Pistoia

Introduction

Towards a Broader Concept of Security

So far, school safety or security has chiefly been addressed in PEB work from the standpoint of architecture and, more broadly, in terms of incidents that may originate in school-related activity (see PEB Exchange, Newsletter of the Programme on Educational Building, OECD, Paris, April 1995: "Safety: An Ongoing Search").

The topic for the seminar, "Providing a Secure Environment for Learning", incorporates new concerns into the PEB approach, in particular those of school heads, who are increasingly conscious of the threats to people and property which come from both inside and outside the buildings.

The notion of security is being expanded. To the traditional concept is added a further dimension embracing other types of threats and making the attitude of those in charge a key factor in the effectiveness of policy measures. To the static side of the notion of security is added a dynamic side, which fairly accurately conveys the difference between the words *safety* and *security*. In addition, *prevention* and *protection* are two fundamental notions surrounding the question of security and thus were the subject of a detailed study during the seminar.

Most often, it is shoddy maintenance, wear and tear, and outdated facilities and equipment which are blamed in the face of technical progress, enhanced safety standards (such as the European Directive of 30 November 1989), and advances in knowledge and public awareness (as with asbestos). Physical factors were over-riding in the approach to the question of security. The uses which students and administrative, maintenance and teaching staff make of their physical environment were generally perceived as a question of standards for materials and the design of buildings, particularly their functional purpose (emergency access, the movement of people inside the school, their evacuation in the event of an incident).

The consequences of making school or university buildings more open and available for other activities, in addition to those for which they are chiefly intended, i.e. initial training, have also been considered, notably at the PEB seminar in Lyons, France, in March 1995. There too, however, the bulk of the discussions centered on the typology of new activities, educational or otherwise, and their impact on the management and adjustment of school premises and equipment, and on determining what made this increased openness a success and to what extent it should be limited. Security was mentioned, but as a subsidiary issue. Commenting on the open-access philosophy of the 1970s, the deteriorating social environment, and the economic crisis which has disrupted the fundamental rules of community life, the general rapporteur, Mr. André Lafond, emphasised that the school's mission, "its prime concern and its prime duty, was to protect itself and protect its pupils against threats from the outside. In some cases, the school was the only place where the law was still observed and where children could, in peace and safety, become familiar with the meaning of social values and the rules of community life."

The PEB seminar "*Under One Roof*?" held in Stockholm in November 1996, raised further questions relating to more complex safety and security scenarios. In doing so it responded to the OECD education ministerial directive concerning lifelong learning. In other words, security had to be considered in the broader context of compulsory and post-compulsory education and all facilities and activities shared with other partners.

PEB's focus now covers both primary and secondary schools and tertiary educational institutions. The special features of higher education have to be taken into account, of course. The dispersal of facilities on campuses, to which access is frequently unrestricted, the scale of the buildings owing to student numbers (sometimes several tens of thousands on a single site), and equipment which can be of considerable value (research laboratories), all affect the security issue in higher education. The student population too, over the age of majority, calls for different responses from those appropriate for pupils, including those in upper secondary schools, who are mostly still minors under the authority of their parents.

Additionally, what society is now demanding no longer has to do solely with equality of access to education and training. It extends to quality of service in terms of educational content, and provision of service in buildings which are safe and suited to the present exigencies and dangers of life in the community. Teaching staff, pupils and their parents are demanding effective responses to violence in organisational terms, whether architectural, legal or social, in other words responses to the new threats, both external and internal.

Recognising that only so much can be achieved by placing emphasis on physical or legal forms of protection, the thrust of the seminar expressly embraced the human factor, meaning the whole area which is not simply the responsibility of the main actors taken separately but also includes the organisation of their relationships both in the building design and construction stage and in the management of education and training.

Safety and security understood in the broadest sense, in their physical and human aspects, was the theme placed before those taking part in the Bologna-Florence seminar. Every factor, whether it be architectural or socio-cultural, or to do with school leadership and management, was described and analysed not just for itself but in terms of how it interacts with other factors. The context of the environment where those in charge of teaching establishments find themselves and have to act has also been considered.

Considerable Stakes, Both Social and Financial

Participants had the opportunity to discuss each of these topics. Via a programme of visits to nursery and primary schools and secondary and post-secondary vocational training colleges and universities in the Emilia-Romagna and Tuscany Regions, they were able to gauge the political and financial aspects of the security issue and observe the practical responses to various problems provided by the technical, administrative and political managers of the schools, municipalities and regions visited. In addition, Mr. Gianluca Borghi, Education Councillor for the Emilia-Romagna Region, and Mr. Paolo Benesperi, Councillor for the Tuscany Region, gave addresses during the opening plenary session which gave considerable impetus to subsequent proceedings.

Mr. Gianluca Borghi placed emphasis on three fundamental points: the need for managers, at all levels, to take security in the broadest sense into consideration; the need that their chief efforts be directed at prevention, and in this respect local democracy (by developing structures for dialogue) has to be strengthened if insecurity is to be effectively countered; and finally the necessity to take into account the cost of unifying educational institutions. The cost of the drive to upgrade and protect schools in Italy can be put at 1 million lire per pupil, or a total bill equivalent to US$4 billion, which local authorities responsible for school buildings cannot bear on their own. That does not include the cost of vandalism, which can also be very high and was put by one speaker, for 1992/93 in United Kingdom schools, at £49 million, including around £22 million for arson damage.

Mr. Paolo Benesperi noted that schools were now open to society's demands. Schools can no longer be treated apart from other facets of social life. They are now integrated in what is customarily called social policy, both at European level as shown by the Commission white paper on competitiveness, growth and employment, and at national level, particularly in Italy. The point was all the more important because, he said, "young people had been the most severely penalised by the consequences of policy over the last twenty years", and their share of Gross Domestic Product had fallen from 5 to 3 per cent over the period between 1970 and 1997. Integrating the school into the city, at the heart of the city, by using historic buildings and former industrial premises, is part of the policy conducted by the Tuscany and Emilia-Romagna Regions. Maintaining or enhancing the presence of schools in cities is one response to the issue of insecurity considered by the seminar.

Tackling Insecurity: Prevention, Protection, Responsibilities

The seminar was structured around the six thematic issues set out in the background report:

– the responsibilities of individuals, education authorities and other agencies for ensuring that learning environments are as safe as possible;

– the implications of recent developments for designers and managers of education facilities;
– how to strike a balance between concern for security and the normal operation of the institution;
– how to exploit the relationship between the school and the wider community to promote and ensure safety;
– specific and technical design issues including risk assessment, surveillance, emergency procedures, access control and boundary definition;
– the need for regulation, research and advice on security matters for local managers of education facilities.

At the seminar, these six issues were combined into three main themes:

– recognising and measuring outside threats;
– preventive measures and degrees of protection;
– the responsibility of education authorities and the development of partnership policies.

This report summarises presentations made during the plenary sessions and the subsequent discussions, illustrated by the school visits and supplemented by the findings of the three working groups. Three case studies presented at the seminar are summarised in the Annex.

Part I

Effective Prevention of Violence and of the Risks Inherent in Education

From all the accounts and reports presented by the working group *rapporteurs*, it could be seen that safety was greatest, and insecurity most effectively countered, when all of the individuals and institutions involved with schools simultaneously carried out co-ordinated measures, rather than acting separately, each guided by their own agendas, timetables and constraints. It therefore emerged very clearly that prevention was what should motivate managers at all levels, and with regard to all aspects of the life of a school, from architectural design to teaching methods and administration.

Violence – whatever its nature or cause – can be prevented, and its consequences – whether material or bodily – dealt with more effectively, if the rules for school buildings and school activities are formulated and put into effect jointly. However, it emerged just as clearly that neither consultation nor partnership could lessen the responsibility of those called upon to advise, assess or make decisions.

Prevention must be rooted in a genuine understanding of the factors that jeopardise the safety of the learning environment. Discussions in the three working groups, whose composition – based primarily on language ability – sharpened the diversity of approaches and sensitivities, demonstrated unequivocally that it was essential to make a distinction that the background report had identified as more than just a semantic nuance. In the first category is everything having broadly to do with safety in the conventional sense and concerned primarily with structural characteristics, the quality of materials, and whether facilities and equipment are up to standard; in the second is everything arising from uncertain, if not dangerous, situations stemming from the conduct of individuals, whether associated with the school or not. In the latter case, a further distinction must be made between disturbances within the school itself and threats from the outside.

1.1 Seeking a Better Understanding of Insecurity and Violence

Obtaining a scientific understanding of insecurity and violence is essential for national and regional political decision-makers as well as for local school managers. The seminar identified six critical factors:

1. In a context in which *autonomy* is deemed the mode of organisation that enables educational institutions, and especially universities, most effectively to meet society's demands and to satisfy the needs of a highly diverse student body, the *responsibility* of local authorities, like that of school administrators, increases. Their areas of responsibility encompass building design and management, as well as how teaching is organised, and they include relations with social and economic actors. In some cases, these authorities can neither foresee, nor consequently single-handedly prevent or resolve, situations that can quickly prove dangerous or result in violent actions. The legitimate distress of students and their families in very dire circumstances must not drive education authorities to impromptu responses which are often ill suited to the reality of the situation at hand. They must therefore be able to apprehend the threat precisely, and if possible prevent it or take action when the aftermath is still manageable.

2. This need for a clearer understanding of insecurity and violence is further justified by an awareness that, while the number of incidents is on the rise, public perception of both their frequency and seriousness is inaccurate. While the seriousness of certain acts or certain situations should not be denied, it is just as essential to keep the extent of certain types of school violence in proportion. It is also necessary to consider all aspects of violence, not just physical attacks – which fortunately are limited – and other crimes, but also incivility, injustice, unfairness, etc. Lastly, it is necessary to determine the extent of each factor and its influence on the perception of violence in general by individuals and the community as a whole. As the *rapporteur* of one of the three workshops concluded, "Perception is as important as reality."

The participants also noted, while conducting surveys of violence in schools, the reserved and sometimes hostile attitudes of school administrators, and of teachers and even local officials as well, who are not keen on putting too public an emphasis on events that tarnish their school's image or make running it more difficult.

3. A great many questions were raised during the seminar. What are the threats from within schools and from without? What are the relative proportions of each? What are the safety implications for people and property? Are threats the same, and of equal intensity, in all environments – urban and rural – and at all levels of education – higher and lower, general and vocational? Can a typology be established? Is the violence directed at schools of a unique sort, and is it different from the violence perpetrated against other symbols of society, such as supermarkets, public transport and stadiums that host major sporting events? How many schools and universities have been affected by violence and insecurity? A need has emerged to develop instruments for increasing our knowledge of the outward manifestations of insecurity and violence, and to establish indicators in particular. The need for such indicators is heightened by the fact that our understanding of the causes, and our very perception, of incidents and attacks are very relative and vary considerably across time and space. All of the participants stressed not only the need for comprehensive and confirmed information, but also the need for a "serious" interpretation of the surveys that ought to be carried out.

They therefore made plain the need for instruments by which to understand and assess the physical and social phenomena affecting the everyday operation of educational facilities, for which issues of safety and violence are becoming increasingly important. Such instruments, which already exist to varying degrees in some of the OECD Member countries, make it easier to exercise responsibility when premises are being designed and outfitted for safety, as well as in routine management, in organising school activities and in relations with national and local institutions (such as the judiciary and the police), as well as with families. This information must then be made available to all. For example, at the University of Oslo, students are briefed through regular campaigns to disseminate objective information.

In the United Kingdom, according to figures published in 1994 and cited by Chris Bissell, an architect for the UK Department for Education and Employment ("Survey of Security in Schools", Statistical Bulletin No. 12/94, Department for Education and Employment, London, August 1994), there were 161 000 recorded acts of vandalism, 13 per cent of which occurred during school hours; 35 000 thefts, over 25 per cent during school hours; and 3 400 malicious fires, 15 per cent during school hours. In France, the figures established by the Central Directorate for Public Safety (in its 1995 assessment) show that a majority of acts of school violence against students (assault and battery, extortion, indecency, minor violence) are committed on school premises by students enrolled in those same schools. The same holds true for school violence directed against staff (78 per cent on school premises). Intrusion is a real but as yet limited phenomenon. The most serious acts are also limited but on the rise, and committed by younger and younger students [see the results, in France, of a tender offer launched by the Ministry of Education's Directorate for Evaluation and Planning and the Institute for Advanced Studies on Internal Security (IHESI)].

4. The presentation by Don Hardman, of the Australian National University (ANU), on the topic "Risk Assessment and the Formulation of a Strategic Security Plan" showed that, in reviewing the security arrangements for the ANU campus, the initial phase of gathering, checking and interpreting data was essential. "The sources of greatest risk should be examined with particular reference to personal safety, security of buildings and their contents, and the security of the landscape and any works of art contained therein. Existing security provisions should be rigorously questioned with particular reference to record keeping for incident analysis."

A consensus therefore emerged from all of the presentations in the three working groups as to the need for "incident record keeping and regular analysis of trends and of feedback control mechanisms". One example of this would be the French quarterly survey of absenteeism and violence in local public (upper and lower secondary) schools, which began in the second quarter of the 1996-97 school year.

5. Attempts at simple *classification* were presented, based on criteria taken primarily from criminal and civil law, and from school disciplinary codes: crimes and misdemeanours involving theft, extortion, assault and battery, the sale or consumption of drugs, which are increasingly prompting fast, stern reactions on the part of school officials, and thus leading to prosecution; the incivility generated by insulting or threatening attitudes and damage to buildings or supplies, which to varying degrees reflects a climate of insecurity felt as keenly by students as by school staff.

One proposal by participants was to assist schools and get them closely involved in assessment projects, even giving them the tools to conduct a *self-assessment*. This was because some people felt that problems of safety and violence are more often found inside, rather than outside, the schools. Such problems stem, for example, from a lack of in-house management, or from acts of vandalism by students, or they are embedded in teaching methods that make relations difficult between teachers and students, or in relations between school staff and school users.

The example of *Improving Security in Schools*, as cited by Chris Bissell, shows how schools can carry out their own security surveys and assess themselves in terms of risk, in order to ascertain appropriate security measures. Such assessments can be broken down into three parts:

– an assessment of reported incidents over the past twelve months;

– an assessment of the environmental and building factors that contribute to school security; and,

– an assessment of the security measures already in place.

This view of self-assessment shifts the burden of choosing security measures onto school officials and those responsible for preventing crime at the local level.

6. The setting up of *observatories*, whose tasks can vary widely, is another matter. Their scope can range from defining regulations to tracking and quantifying phenomena that jeopardise school security. The presentation by Professor Romano del Nord of Italy's National School Building Observatory shed vital light on that institution's missions and functions, especially insofar as they relate to new regulations governing school safety.

On another level, France has a National Observatory for the Safety of Schools and Institutions of Higher Learning, created in 1995, whose primary role is to analyse and assess risks and recommend preventive measures across a wide spectrum of education-related parameters, from the overall state of buildings and facilities, to supplies and their use, to individual behaviour. One illustration is the Observatory's information about asbestos in schools – about types of asbestos, how they are used, the risks of exposure, maintenance and cleaning, and restoring premises after asbestos has been removed (see the annual report, *L'état de la sécurité en* 1996, and *La sécurité des établissements d'enseignement: questions juridiques*, 1997). Another reference in France is the multi-year (1996-2001) programme of the Créteil academic district which, *inter alia*, called for creation of an observatory of violence in the schools. The observatory's primary mission is to log and measure all incidents, and thus to put them in the proper perspective, in order to counterbalance the effects of excessive media attention and to categorise the different types of violence so that the appropriate educational responses can be made – along with disciplinary or judicial sanctions if necessary.

Such an experimental entity, which has not yet been extended to all academic districts, should ultimately make it possible, as emphasised in the report by the Inspectorate-General of the French Ministry of Education (*La violence à l'école*, 1994), to conduct a policy for managing violence in schools that foresees and anticipates with some degree of probability where and when it will be triggered. This planning mechanism is a vital aid to prevention.

In the United Kingdom, as Chris Bissell pointed out in his paper "Security in Schools", the Architects & Building (A&B) service of the Department for Education and Employment gives similar advice on prevention to headteachers, governors, premises managers and local authorities: a new safety guide was to be published in 1997. The Working Group on School Security, set up in the United Kingdom after the murder of London headmaster Philip Lawrence, has also published a new guide entitled *Improving Security in Schools*. This brochure gives advice on managing security, examines the respective roles of the various parties and "describes how schools can carry out their own security surveys, assess themselves in terms of risk and then consider security measures appropriate to that level of risk".

1.2 What Steps for What Kind of Protection?

While there is consensus over the need to develop tools for understanding and measuring violence, a convergence of views has also emerged from the multiple responses to the question at hand, the variety of which stems from the diversity not only of the political and administrative backgrounds of participants in the seminar, but also of the legal status and socio-economic circumstances of the schools visited.

Protecting schools does not mean cutting them off from society, but enabling them, once it has been understood and acknowledged as inevitable that schools are going to be affected by changes in society, to cope with the difficulties that they, like any other institution, must face. The choice is no longer between *open schools* and *closed sanctuaries*. Schools need to be protected against internal risks as well as outside attacks.

What protective measures for what kinds of threats? How can the goal of guaranteeing individual protection be reconciled with allowing schools to function normally? At what point should security be integrated into a school's administrative and educational operations?

1.2.1 Schools Must Be Considered Like *Defensible Sites*

Schools Need Defending

Perhaps the most important topic of discussion was the choice between a defensive and an active concept of security. Do schools need defending? To ask the question is tantamount to admitting that schools are victims of attacks that could jeopardise their educational mission in the broadest sense of the term. The Background Report, to illustrate this concern which affects all schools, albeit to differing extents, had quoted the French Minister for Education. "It is not schools which generate violence. That violence is mainly imported or transferred. Very often, it is caused by outside elements, which is why I am standing up for the principle of protecting the area schools occupy, in fact for extraterritoriality, evidenced by actual fencing which will protect schools and the weakest amongst those present against attack from outside".

The responses that emerged during the discussions made very plain that the issue should not be framed in terms of a conflict between two opposing conceptions. Here too, the appropriate measures are dictated by each school's particular circumstances. In this regard, a university campus can and must remain open, provided certain precautions are taken – precautions that are sometimes drastic and without concession, given the seriousness of the situation (e.g. establishment of a defensible site, heightened surveillance and security rounds), as shown by Kenneth Fisher's study of the campus of the Australian National University. In contrast, schools – primary or secondary – where young children are in attendance must obviously receive different, custom tailored treatment.

Schools Must Not Be Turned into *Fortresses* or *Sanctuaries*

The main thrust of this line of reasoning was upheld: schools must be defended, but the appropriate responses need to be tempered; schools cannot be turned into fortresses. Seminar participants seconded the comment by Professor Romano del Nord, for whom "schools, by losing their nature as independent single-purpose structures providing a specific service, grow ever closer to other functions of the surrounding territory, and to other social services, with the result that they are penetrated by hitherto unknown risk factors".

What was clear, however, was a determination to set up *defensible sites*, *inter alia* by building walls or gates to prevent intrusions or make them more difficult. As Chris Bissell showed so well in his presentation, this does not necessarily mean turning schools into *sanctuaries*. Such a fundamental policy decision was not the one adopted by authorities of the city of Geneva, for example, even if, as mentioned by Geneva School Superintendent André Nasel, violence from the outside has not spared that city's primary schools. The proper response is of course always to avoid creating an "entrenched camp".

Brainstorming sessions encompassing all of a school's partners, including students themselves, who are sensitised to the problem of violence through school councils, in which they discuss it and learn to take steps against it, should take place on school premises. Kari Anne Stabben (Norway) pointed out that children should not be overprotected, but above all taught to confront the outside world. The *rapporteur* of one of the workshops commented that "With the horrors which have been unfolding in Belgium and in the general climate in the UK, more and more parents are taking their children to school by car. In fact, children run more risk of being involved in a car accident (the more cars, the more accidents) than of being assaulted."

In the opinion of another speaker, Ricardo Merlo, an architect at the University of Bologna, "schools are safe if the city is safe." Steps to combat, and to lessen, violence are not matters for schools alone. The issue has to be looked at comprehensively in the context of the city involved. Insecurity tends to be associated with large metropolises whose social fabric has broken down, and where social solidarity has worn thin or become non-existent. In this case the response to outside violence and insecurity transcends the schools themselves. It is symptomatic that problems of racial or xenophobic violence were not raised. Perhaps the social structure of the cities of these regions of Italy explains this absence.

How Can Schools Be Protected?

First, the attitude of school managers must be clear and firm. The seminar's theoretical response is therefore clearcut: it is just as vital not to encourage overprotective reflexes as it is to leave a school defenceless out of some angelic or naive vision of the institution involved.

Technical responses are just as clearcut. For instance, with regard to the security of the overall perimeter, any door leading to the outside must be controlled. While schools must not be built like *prisons*, the amount of glass on windows and doors should be scaled back and the panes reinforced. In controlling access, there should be no hesitation about installing metal detectors, electronic systems or video cameras – none of which are incompatible with the need for reception and waiting areas that are pleasant, cheerful and not isolated.

Prevention through concerted building design incorporating security concerns, regular maintenance and technical adjustments will not suffice without the continuous involvement of managers at every level in sustaining a sense of community, or without their intransigence vis-à-vis vandals and those who commit dangerous or criminal acts. This is what is found today in schools labelled as difficult or sensitive. In this regard, to establish school rules, distributed to all students and their families, who are required to sign them, explicitly laying down, *inter alia*, students' rights and obligations, including security matters, rules of conduct and penalties for non-compliance, is often an effective way to head off violence in all its forms, and thus enhances internal school security. These elements are crucial, because among schools whose "social indicators" reveal a deterioration of the situation, some will cope better than others with the climate of insecurity and violence. The difference stems from the "school climate" that administrators and teachers have been able to instil and preserve.

Second, schools should be kept within the urban and social fabric. Holding the seminar in the two regions of Emilia-Romagna and Tuscany had a major impact on the discussions. One of the main topics focused on how to establish or maintain schools in buildings that form part of the historical or industrial heritage. The schools visited, in Bologna, Ferrara, Florence and Pistoia, showed that old buildings were often more easily "defensible" than the open structures of the 1970s. The same also holds true for other countries. As Chris Bissell put it, "It is ironic that many Victorian and Edwardian schools, particularly in urban areas, are often not that difficult to make relatively secure, while the child-oriented designs of more recent years pose much bigger problems. Large post-war secondary schools on open sites, especially where there is public access to community facilities (and unofficial public access to grounds) tend to experience the greatest difficulties."

The historic and aesthetic character of old buildings, which is often a source of outfitting problems and immediate additional expense, also represents a significant plus – for students and staff alike – in the fight against vandalism, and in lessening tensions within the schools. It goes without saying that the errors of the 1970s are not to be repeated, as highlighted by André Lafond, who in 1995 cited the example of "a lower secondary school built at the foot of blocks of flats and integrated into them, which recently had to be demolished because of operating difficulties and replaced by a conventional type of building". The centre of Bologna, where the Minghetti secondary school is housed in a late 16th century palace, and Ferrara, where the hotel school is located in a 15th century convent, have little in common with the suburbs of Lyons at the end of the XXth century.

The housing of schools or universities in former industrial buildings is another aspect of this issue. In this event, the determining factor is whether they are located in the centre or on the outskirts of a town. From this standpoint, the schools visited, such as the Einaudi Institute in Pistoia, which is housed in an old locomotive factory, or the engineering school of the University of Ferrara, in an old sugar works, show that the benefits obtainable from such industrial buildings can also be offset by the difficulties students experience in accessing them. These difficulties are of several sorts: remoteness, commuting safety, isolation of teaching or training facilities, deterioration of the environment by other abandoned but not rehabilitated industrial sites, and the absence of nearby social and cultural life. The medium size of the Italian towns visited limit this drawback, without eliminating it entirely, however, as indicated by the engineering school students' petition to appeal to the municipal authorities regarding the safety of access roads.

In his remarks about the Luigi Einuadi State professional commercial institute in Pistoia, architect Lorenzo Pelamatti acknowledged that certain surveillance precautions had been taken in contradiction with the overall plans, which called for an intertwining of the academic environment with urban functions. "We gave the building a solid perimeter that contradicted this intertwining, and took other measures such as installing a sufficiently effective anti-intrusion alarm system. And this was because of the external environment, much of which still needs to be restructured and appears objectively hostile, even though we all hope it can be completely redeemed." As a result, the answers are not always clearcut, and they often take the observer by surprise.

1.2.2 School Architecture: the Notion of Acceptability

Throughout the seminar, in both plenary assemblies and workshops, speakers unanimously considered that the discussion should get away from non-issues. Schools necessarily required some minimal protective measures, both internal and external. It was taken for granted that such measures were more "severe" now than they used to be, because of societal changes, demands on the school system and the unsuitability of many schools, and universities in particular—for a host of reasons, as shown earlier, but also because of the influx of students caused by a democratisation of the educational system (extension of compulsory schooling to age 16 and continuation of studies thereafter by a steadily increasing number of young people).

Even so, some measures are unacceptable, or at least provoke different reactions depending on the type of school, its location and its cultural environment. Examples include surveillance cameras, metal detectors and any other restrictive procedure, material or human (such as security guards), whereas the same things are accepted, or even desired, in the case of other activities involving large numbers of people. "When I proudly explained that surveillance cameras were common in post-secondary institutions in the United Kingdom, I glimpsed horrified expressions on the participants' faces." (Don Hardman) The notion of acceptability therefore needs to be taken into account, but it must not be a pretext for masking the truth or justifying inaction.

It is no longer a question of whether or not to act; the only question is how far one can go without jeopardising learning itself. The unique nature of schools, their educational mission and the sensitivities of their staff would seem to preclude, not certain means *per se*, but their forced utilisation. Accordingly, how can these means be made acceptable when they prove necessary?

1. The need to ensure safety via national standards must leave local decision-makers and school officials some leeway to take local circumstances into account.

It was stated clearly, however, that something that could be accepted in one context might very well be unacceptable in another. What is possible, and even desirable, for a university campus may not be for primary or secondary schools. As Don Hardman pointed out in his talk, quoting an Australian government publication, "Each evaluation and potential resolution is different given that each situation is unique." For example, the installation of close-circuit television may be a decisive factor in preventing violence in some establishments or, on the contrary, an aggravating factor triggering sometimes violent rejection at others.

The most interesting difference lies in the latitude that schools can be afforded to ensure safety or reduce insecurity. It is, of course, impossible to ensure total security; there is no such thing as "zero risk". But it is an open question whether regulations should be all-encompassing and as specific as possible, requiring local officials and school superintendents only to implement the guidelines and provide financing, or whether managers should be given a genuine measure of discretion. It would seem that, in fact, there are no systems that contrast so sharply, and that the systems currently in existence are hybrids which differ according to the extent of discretion left to local managers with regard to implementation.

In any event, however, there are blanket regulations that deal essentially with buildings and building fixtures, such as exist for the European Union countries – either European standards which, as Professor Romano del Nord pointed out, are transposed into national law, or purely national laws in highly specific sectors and addressing particularly recent situations, such as recent French legislation dealing with intrusion onto school premises. Pursuing his demonstration, he then made a distinction between matters for sub-national or regional jurisdiction and ended with "details" which were the responsibility of individual schools. The Observatory has ranked school security standards into the following categories: 1) standards applicable to all; 2) standards that allow leeway to adjust to circumstances; and 3) recommendations for action based on national or intermediate (regional) standards which, being non-specific, leave school managers substantial discretion.

Another issue raised was that of *model specifications*, encompassing minimal protective measures as a guide to architects and decision-makers when schools are being designed or renovated. Do such guidelines exist, and who formulates them? How do they reconcile measures intended to prevent and cope with conventional risks, such as fire (direct access for fire-fighters, evacuation, etc.), with those instituted to prevent imported violence (limitation of direct access, security locks, anti-intrusion windows, etc.)?

2. Architectural quality and aesthetic choices are fundamental elements in preventing violence and combating insecurity.

Measures to ensure the internal and external security of schools are not just of a legal, political or social nature. The quality of architectural design and school aesthetics can make an effective contribution to safety in the schools.

The discussions showed that school size could make matters worse in certain social contexts. Confirming observations at past PEB gatherings, a number of participants felt that schools with between 450 and 500 students, but built for 600, provided optimum security. In their view, it was in facilities of this sort that the educational experience centred primarily on students' pedagogical requirements, and that the pace of learning reflected their physiological and psychic needs as well. Being above ground level, but no more than one floor up, was also deemed crucial to maintaining control over what goes on inside buildings, and thus to security.

Other speakers felt that the trend was more towards consolidation into schools for approximately 1 000 students, which allowed significant economies of scale. Cost considerations are not always incompatible with educational or training objectives, since everything hinges on the pedagogical structure and the student population. In France, for example, educators are discovering the positive effects of certain *cités scolaires* – comprising a lower and an upper secondary school (a *collège* and a *lycée*), where general and technological curricula coexist – on student orientation and scholastic achievement.

3. *Aesthetic quality*, if integrated from the design stage, need not run counter to safety needs or the protection of persons and property. On the contrary, it can make a very effective contribution to prevention.

Debate about modernity confirmed unanimous scepticism with regard to an architectural approach driven more by aesthetics and "experimentation with the most utopian forms of contemporary architecture" than by a desire to make learning as harmonious and effective as possible. This point was well illustrated by architect Claudio Fantozzi's remarks about a seaside school in Livorno that was a success both aesthetically and functionally. The school in question is closed in its architectural conception. Everything is designed to avoid intrusion and, in general, to limit threats from without. In reality, everything – from the standpoint of aesthetics and organisation alike – was fashioned to create a school that is open yet controllable from within. Its architecture, i.e. compliance with standards and the logic of internal organisation, integrating educational objectives and coupled with aesthetic concern for inventing forms and historical references and reflections, is the main component of security. In this respect the school in Livorno is a response to the alas often well-founded fear of the unsuitability of new schools more inspired by "the architectural hand of the creator" than by concern for reconciling the requirements of learning with those of security.

1.2.3 Financing Protective Measures

The school visits (see below) provided an excellent illustration that it is possible, at a cost that society can apparently afford, to invent forms that are attractive yet simple, using materials that are sturdy and soundproof, with internal corridors that are easy to monitor, with activity areas for students and places to accommodate study in small groups.

So what is the cost of such adjustments? Who should finance them? How? While school managers have to take all necessary steps to ensure the safety of people inside their buildings, they generally lack the budget resources to do so. As a rule, school premises are owned by a higher authority – the commune, the region or the State – which should consequently bear the financial burden. Of course, it was not possible to establish a financial panorama of these upgrading costs. Apart from the overall figures on Italy that G. Borghi cited in his introduction to the seminar (see above), and information available on the French education system (FF 2.5 billion over a five-year period from 1994 for lower-level elementary schools and FF 4 billion for higher education, from 1996, excluding asbestos-related matters), the seminar provided data only on the schools visited or presented during the workshops.

The intensity of the threat and the reactions of partners in the educational system to spectacular accidents and dire events have often forced policymakers to adopt *emergency plans*. Today, *European legislation* is another element compelling the authorities to act within a certain period and to provide a certain level of protection. Lastly, it was proposed that participants address the issue of *positive discrimination* to grant special resources to schools in particularly difficult situations or social or economic circumstances and exposed more than others to internal risks and external threats (priority education areas, sensitive areas, schools declared particularly difficult, etc.).

1.2.4 Administrative and Pedagogical Organisation

1. In the realm of administrative organisation, two trends are discernible. First, school managers are being granted legal and institutional resources that enable them to react quickly and preventively, e.g. to prevent or sanction intrusions into school premises by unauthorised personnel. Second, solidarity within schools is being strengthened by giving students and their families a more direct role in defining school objectives and in formulating rules in which disciplinary matters are addressed clearly and distinctly. This stems from a special request from students themselves, traumatised by acts of violence – some extremely serious – that have occurred either outside or inside their schools. This desire in some cases conflicts with that of teachers and school administrators, who do not share the same perception or conception of security, and who are in some cases reluctant to speak out against conduct that is sanctioned not only by a school's own rules but by the criminal code, with the possibility of giving the school an unflattering image.

2. Concerning pedagogical organisation, matters are just as delicate. Is it not justified to wonder whether violence, when it is stimulated by a rejection of schools which do not meet the expectations of some young people, should not prompt the authorities to consider other ways to organise learning, and hence other types of buildings, classrooms, workrooms, resource centres, etc.? It is readily acknowledged that the specific nature of certain subject matter, and of vocational training in particular, dictates certain types of facilities or equipment. It is becoming apparent that new technologies will introduce a new relationship between teacher and student and therefore necessitate reassessment of the pedagogical and material organisation of the schools. Why should not the urgent need to restore faith in education and training among a significant segment of the school population also lead in the same direction?

Of course, these issues have been under consideration for a long time, and numerous experiments are being carried out by education systems. Some are financed by the European Union in the form of pilot projects for young people whose schooling has been a total failure, and whose rejection of school as an institution is reflected in truancy or outright abandonment of their studies, but also in violence against persons and property. The seminar explored this issue, concluding that it was in fact impossible, in this context, to separate building design, the organisation of learning and training, and pedagogical objectives.

Part II

Partnership Policies throughout a School's Lifecycle

Partnership policies at every stage of a school's lifecycle are the most efficient way of preventing violence and guaranteeing security. The background report suggested that the seminar should base its discussions around a central topic. At issue was the relationship between, on the one hand, administrative trends giving schools more autonomy and hence school heads more authority and responsibility, and, on the other, the introduction or strengthening of policies based on partnerships within schools or between schools and the national or local authorities in charge of not only education policy but also social policy, law and order. The aim of the exercise was of course to see how successful such partnership policies were at preventing accidents and violence and guaranteeing security in schools.

2.1 Partnership Policies and Responsibility of the Education Authorities

Today, education authorities everywhere are increasingly being held accountable. Education, like every other aspect of society, is being targeted by a consumerist-type movement. Depending on the country's administrative or political structure, the policy responses are extremely diverse. However, from the examples provided at the seminar, a common thrust can be identified.

First, school heads are more frequently and more closely involved in the design of school buildings and amenities. Their experience is drawn upon and given expression not only regarding the impact of the curriculum on school architecture but also in regard to prevention of risks of all kinds. In France, for instance, future heads of new schools are often brought in at the design stage, as well as during construction and through to completion. In Italy, the visits to schools revealed genuine co-operation between the authorities in charge of the construction, extension or renovation work and serving or future heads; that co-operation, at times very subtle, extended to other partners such as pupils and teachers but also to other public services concerned by security in general (see below).

School heads are supported by bodies such as health and safety committees, whose members may be held liable for failure to fulfil their duties.

Initial and lifelong training in security for administrative and teaching staff is another common feature. Providing staff with training and raising their awareness of the many hazards and risks involved in a wide range of educational activities, teaching them how to recognise the early signs of tension between individuals or groups of individuals – all this should be part of initial and lifelong training programmes for all categories of personnel, i.e. supervisory, support and teaching staff. In some cases, problem-solving takes more than just goodwill or the desire to build relationships based on trust. People can be taught to tackle crisis situations. Unfortunately, some of these situations may stem from a climate of violence (inside or outside the school), aggressiveness or fear, generating behaviour that is hard to control.

To what extent is training on security issues included in training programmes? What does such training cover ? Who provides it ? On what basis is it provided ? Are there institutions with a general remit to provide training on security issues, such as France's *Institut des hautes études sur la sécurité intérieure* ? Of relevance here are the efforts made in some countries to provide initial and lifelong learning programmes that incorporate training initiatives for all categories of staff on every aspect of safety and security, i.e. amenities, educational activities or other more specific aspects relating to violence (for France, see the *Plan national de formation*, Bulletin Officiel spécial n° 5, June 1997).

Usually this kind of training policy is, or should be, tied wherever possible to a policy of appointing experienced managers and teaching staff to problem schools. Finally, although the issue of staff-to-pupil ratios was not discussed in depth, visits to schools in two regions of Italy showed that basic duties relating to security, health and supervision were adequately ensured by specially appointed staff working not in isolation but with the entire educational community and the strong support of the school head.

2.2 Partnerships Do Not Mean Just Consulting Stakeholders

A partnership is not confined merely to policymakers consulting stakeholders when the school is being designed, renovated or built, or later when it is operational. The school visits illustrated this trend, which all participants considered to be irreversible and indeed vital in systems that remain highly centralised.

The working session held in the *Marco Minghetti* school (Bologna, Italy) was an example of a valid partnership between everyone involved in the restoration and adaptation of the building chosen to house this public secondary school. Stephano Magagni, an architect with Bologna City Council, spoke of striking a balance between security on the one hand and respect for educational goals and the historic character of the building on the other. The idea was to resolve any conflict there might be between legislation on security and on architectural heritage, but also to respect the need for security in an inner-city school that had to blend into the local architecture and was surrounded by bustling service activities.

The operation has been a success mainly thanks to the city's active policy of systematically using and renovating public buildings, in spite of the cost, and of introducing efficient co-operation in the form of a school board, interestingly chaired by the art teacher and invited to give its opinion on interior design and space utilisation within the school. The result, there for all to see, has been the successful transformation of a historic building, well adapted to the constraints of education. According to those in charge, it now remains to teach present and future generations of pupils to respect their surroundings and instil in them a culture based on prevention and security during all the activities taking place at the school.

The visit to the *Cantalamessa* public nursery school in Bologna was another example of a specific type of partnership, strengthened during the design and building stage by a working party bringing together administrators, teaching staff and the architect and later on by the management of educational activities. Also located in a private building not originally intended as a school for the very young, the school seeks, in architectural terms, to foster child development while at the same time including partners – in particular parents – in the school's activities.

This goal is deemed to be the main factor behind the school's successful integration into the city and the *active security* it practises, i.e. controlled by all the partners, in particular families, who can join in educational activities and have access at certain times of the day. This is an open school, where "structural defences" (walls, fences, access controls) are virtually non-existent or at least not very dissuasive. However, this model structure in terms of amenities and education represented a substantial investment (L2.3 billion). The operating costs, also quite high (with 156 children in the crèche/nursery-school and a staff of 32), are split between the municipal budget and the parents.

The partnership was not dissolved once the renovation had been completed and the school had settled in. The working party continued its work and, three years later, put forward development proposals to enhance security and working conditions.

2.3 Partnerships Do Not Diminish the Responsibility of Any of the Actors

Partnership policies, as we have shown above, do not blur roles or lessen responsibility, under administrative or criminal law. Complex administrative arrangements would not be considered by the courts to be a mitigating factor reducing liability for accidents. One example is the French government circular dated 13 December 1996 on safety requirements for workshops in technical or vocational schools, implementing the European Directive of 30 November 1989. If the regional authorities are unable to provide the financial resources to complete the pluriannual plans for security compliance in secondary schools, as reported by the *Observatoire national de la sécurité des établissements scolaires et d'enseignement supérieur* (national observatory on security in schools and universities), then it is up to school heads to take the necessary steps. If an accident occurs, the court will decide whether they have taken "all appropriate measures in the light of their authorities, powers and resources and the problems specific to the mandate conferred upon them by law".

Another issue alluded to at the seminar was the increasing number of cases in which school heads have been sued for accidents causing physical injury or damage to buildings during educational activities. But far from evading their responsibilities, all the actors – regional or local officials, school heads, architects, and teaching or administrative staff – gave the impression, at least from what they said, that they were willing to shoulder their responsibilities and hence assert their political, educational, administrative or technical legitimacy.

The same applies to pupils, who must be clearly answerable for their acts. In the United Kingdom and Sweden, school councils are given their own budget, from which they must repair any vandalism, instead of spending the funds on more agreeable activities. In 1996, the French government introduced a plan to prevent violence in schools. The measures focus on the supervision of pupils, who are given the assistance and educational support they need, in particular thanks to closer links with families, a special induction day for new secondary-school pupils and their parents, and recourse to facilitators and interpreters to improve the dialogue between teachers and families from ethnic minorities.

Responsibility awareness and citizenship courses should be part of the special prevention work undertaken by administrative and teaching staff. This goes back to earlier remarks on "the school at the heart of the city". Apart from being physically located in the city, the school should enable pupils not only to develop their personality and skills but also to fit into society and the world of work.

2.4 Co-operation between the Various Public Authorities

Some aspects raised in the background report were not explored further or substantiated by the visits to schools, in particular those regarding co-operation between the courts, the police and education/training structures. One explanation may lie in the cities and types of school that were visited. In some problem areas, however, this kind of co-operation is one of the most successful ways of preventing violence. It shows that schools are aware that responding to violence, and hence taking steps to prevent it, is not the task of education systems alone but that other public institutions (the courts and the police) should also be involved.

To give an example, the policy implemented by France's education authorities (chief education officers and schools inspectors for given areas or *académies*) has shifted noticeably since 1994. Plans have been introduced, such as the one for Seine-Saint-Denis quoted by F. Louis and B. Engerrand in *La sécurité dans le cadre scolaire* (Hachette Éducation, Paris, 1997). Aimed at combating violence and crime in schools, the plan is set out in a document drawn up jointly by the education and judicial authorities covering the area concerned. In brief, the partnership works as follows. School heads report any incident directly to the public prosecutor and the schools inspector. The judicial authorities undertake to deal with all reported incidents as they occur, and will prosecute if necessary. The idea is to show young offenders that they will not go unpunished.

This kind of co-operation between education and justice also has an educational goal. Solutions such as having damage repaired or closing cases on certain conditions and after hearing the offenders, their parents and victims, are preferred wherever possible. A co-ordination unit, bringing together the education services, a court official, a member of the public prosecutor's office and a police representative, ensures cohesion. There have already been some noticeable results. The most striking one is not so much the increase in the number of incidents reported (from 312 in 1993/94 to 1 350 in 1994/95) as the "change of attitudes in staff, who no longer feel that the only unacceptable incidents are those solely involving the school and its staff".

The seminar clearly demonstrated that schools should come out of their isolation. A school that introduces partnerships will find that, far from wasting its energy on concerns not directly related to its educational mandate, it can ensure its own security, adapt to a changing society and help its economic, social and political partners to understand what makes the school special.

Conclusion

Security and Safety in Schools and Universities Are Everybody's Business

Are schools at risk ?

The topic chosen for the seminar, "Providing a Secure Environment for Learning", in no way signifies that security has now deteriorated to the extent that the school is at risk. The excessive media coverage given to some very serious incidents in schools should not lead to overdramatisation or misapprehensions about how much school life has degenerated in urban areas where violence has spread into the schools. Hence the need to develop instruments to measure and analyse such violence. As well as the rise in urban violence, there has been a slow deterioration in schools' material and operational conditions. The economic context and budget constraints are the main reasons why schools fail to live up to society's expectations of safe facilities and technical progress. The answers lie of course with policymakers at national and local level, who must set budgetary and regulatory priorities and achieve trade-offs between the various duties required of the authorities.

Schools Must Be Protected

This somewhat blunt statement is not a recommendation of confinement, but stems from a dual need. One is to offer all those entering the school the greatest possible security in an economic climate where social unrest and interpersonal conflict soon get out of hand and acts of vandalism and physical aggression are soaring; the other is to ensure the smooth functioning of a key institution that teaches young people how to live in a community.

Hence the need to distinguish between safety of buildings and amenities and security of people. This dual protection does not mean transforming schools into fortresses, nor does it mean having model "safe schools" as there are model "escape-proof" prisons. In both cases, however, it is now established that a number of indisputable measures are unavoidable, and that it would be unfeasible and even reprehensible to refuse or fail to implement them.

It was this dual aspect that stood out most clearly from the discussions at the seminar. The need for safety and security now weighs more heavily on all policymakers, administrative and teaching staff. The fact that they can be held liable by partners who are now more aware of their rights has not only reinforced security arrangements but also fostered prevention-led attitudes aimed at avoiding incidents of any kind through the introduction of training, co-operation and partnerships between the education authorities, technical and judicial services and the police.

Schools Must Be in a Position to Fulfil their Mandate

A school has a mandate to educate and train the pupils in its charge. This should be borne in mind by each of its "partners", from the architects who design it to the head teacher who organises educational activities. Safety and security concerns should not outweigh education and training requirements, or vice versa. Prevention should no longer be, as some see it, just a set formula for avoiding disaster; nor should security be the sole means of ensuring that the school can fulfil its mission and prepare for the future. Prevention and security are no longer contradictory but complementary.

PEB work should continue along these lines. The discussions and visits to schools in two of Italy's most dynamic regions revealed the wealth and diversity of the studies and initiatives carried out at all levels in the OECD Member countries represented at the seminar. There is a need – an urgent need – to gain a better understanding of what is jeopardising security in the educational environment, so that policies can be developed to prevent and deal with violence in schools. These will be policies that respect the school's mandate and provide a secure environment for all those entering its doors for education and training. It now remains to analyse, compare and pool that wealth of research and wide range of initiatives.

Emergencies and Treatment of Warning Signals in Schools

Christophe Hélou, France

In order to improve the management of situations involving risk to people or property, the proposed issue for debate is how school users perceive hazards in schools and go about informing the relevant authorities.

First, on the assumption that everyone wants to feel safe and secure at all times, the question is how to build confidence in the facilities used for educational activities. "Confidence stems from supervision and standards". To avoid having constantly to be questioning the safety of such facilities, we must put our faith in experts, science and policymakers and their capacity to ensure safety. If an incident occurs, the subsequent penalties are imposed solely in order to rebuild confidence. They divert the blame away from safety arrangements and onto those responsible for supervising them. If an incident occurs, it is not so much because the safety arrangements have failed as because those responsible for them have failed in their duties. When a school head is held liable for a basketball backboard that falls and kills a pupil, the blame is put on human behaviour, not on the equipment at all – how it was built and fitted and whether it complied with standards. Only later is a government circular issued requiring all school heads to remove such panels and replace them with a different design. Making one authority liable exonerates all the others. This boosts confidence in practical safety arrangements.

Second, our confidence is put to the test by directly experiencing and testing risk. Direct experimentation relates more to the senses (the smell of gas, for instance), which alerts body and mind to danger. Then there is the organised testing of safety arrangements. One example is a fire evacuation exercise. As it is only a simulation, however, doubts are bound to remain as to whether the safety measures are effective or not. In fact, experimentation is more about questioning a manager's responsibility than proving the effectiveness of safety measures. In both cases, it is pointless to criticise safety arrangements as this would mean challenging science and the experts.

The third phase concerns how a warning is given and what makes it credible. Until an accident happens, being aware of a hazard implies the need to express doubt about the reliability of safety arrangements. This may be difficult, since such doubt is often impossible to objectivise and trace back to its exact source. Hard facts are required, or alternative information from institutions such as unions or associations.

How are safety warnings dealt with by public institutions? Initially the warning, if it is to be credible, must be given in the expected way, accompanied by conventional forms of proof. Thus the person giving the warning must produce acceptable evidence (e.g. photos, test findings, expert advice). The person receiving the warning must then check whether it is genuine and weigh up what is at stake. Finally, in hierarchical systems, the fact that the warning is passed down through the hierarchy adds further credibility and the written word serves above all to authenticate a notified risk or hazard.

The authorities respond by showing that that they are bound by a resource requirement rather than a performance requirement. This is the reason behind safety committee visits. Public authorities enforce compliance with standards, which are there to guarantee that the risk is minimal.

Finally there is a trade-off between safety requirements and the need to ensure continuity of action. Intransigence may lead to paralysis. The main constraint on public authorities is therefore to react to warnings according to their importance and the seriousness of the risks incurred.

Security in Educational Buildings in Further Education

Grace Kenny, United Kingdom

This paper concerns the colleges that cater theoretically for the 16-19 age group. While many security issues are the same regardless of institution or age-group, some are specific to these colleges where the students are adults and raise problems for teaching and administrative staff, who must respond in ways appropriate to this particular group.

In the United Kingdom, out of 2.35 million students enrolled in 435 colleges 28 per cent are under 19 and 52.5 per cent are over 25. These colleges include agriculture and horticulture colleges (7 per cent), art, design and performing arts colleges (2 per cent), general further education and tertiary colleges (64 per cent), sixth form colleges preparing pupils for the General Certificate of Education (24 per cent) and specialist designated institutions (3 per cent).

The colleges all have independent status, i.e. they are all responsible for their day-to-day budgets; these are funded by the Further Education Funding Council, which does not make any special provision for security. As there are no central statistics to give an overview of the sector, a few examples will help to draw some general conclusions by describing the arrangements made by the heads of four colleges regarding risk assessment and evaluation. The colleges are *Saint Helens College*, north of Liverpool, *Northbrook College* in the south of England, *City and Islington College*, spread over a very wide area of central and north London, and *Hackney Community College* in the East End of London and on a new site in Shoreditch.

The author's survey reveals a number of points confirming the observations made in other papers or in other case studies on educational establishments at other levels or in other OECD education systems. No common standards appear to apply to these establishments. Individual experience and the establishment's own policy offset this lack of uniform rules.

The question of mobilising staff and being ready to respond to any incident is paramount. The college team must include security staff and external experts. Everyone's responsibilities must be clearly defined if an incident occurs. In some colleges there is no formal reporting procedure.

The nature and origin of the offences committed need to be defined. With regard to equipment, high-tech hardware and computers are the main type of property stolen in these colleges. In colleges, unlike universities and primary schools, most thefts are committed by people belonging to the establishment (students or staff). Furthermore, cases are emerging of domestic and racial violence in colleges, confirming the remarks made by Professor Romano del Nord.

Control and monitoring systems are now commonplace. They include access controls in the form of identity cards, badges or even swipe cards. In some colleges, closed-circuit television is a fact of life, even if it only discourages certain types of behaviour and does not protect against every form of aggression. Alarm systems get a mixed press and for many people are not genuinely dissuasive.

The real cost of installing and running security devices and hiring security staff is hard to evaluate. There is no relevant information on this point and the data provided by these colleges are too diverse to be used or to form the basis for any general conclusions.

It is interesting to note the principles governing the design of a large new campus in the East End of London, confirming the conclusions drawn in workshops and case studies such as Ronald Colven's paper on "Security and Participation" (see below).

The creation of the Shoreditch Campus began with a consultation process, notably involving the local community. The outcome was a set of security requirements, all of which were incorporated into the campus. First, it had to be accessible to all users whilst ensuring a secure environment. The design had to allow for security systems and management options to provide subtle but effective levels of security suited to the various parts of the campus. Security considerations were in part adapted to the lay-out of the site. Rather than enclosing the campus with walls or fences, the design uses the building frontages as boundaries. There are few external windows at ground level. New building is incorporated among the existing dwellings and shops.

Public/communal facilities such as libraries and amphitheatres are at ground floor level. Classrooms with easy access control are on the first floor. Public events, organised by associations, may take place out of normal hours and participants are issued with electronic access cards. Attractiveness was an integral part of the design. The idea being that secure need not mean ugly, the external gates were designed by an artist/blacksmith and there are water features in the gardens.

The author's conclusions put into perspective, with some humour, the faith that should be put in security and protection systems. Although necessary and unavoidable, they often have unexpected effects. They may merely displace criminal activity elsewhere, or even provoke it. On one of the campus sites, several thefts were committed in the main building, fitted with security systems and located opposite the police station. According to the head of the college, "a burglary opposite the police station provides more street cred than one in the sticks at one of the other sites".

Vigilance and a sense of responsibility are more important than any hardware system. Humans and machines should complement each other. Installing sophisticated security systems is therefore not incompatible with hiring a resident caretaker with a dog. Being safe is not enough; people must feel safe too. Even if they cannot guard against every danger and aggression, it is up to managers and designers to provide not just a pleasant but a welcoming, supportive environment for users.

Security and Participation

Ronald Colven, Sweden

Ronald Colven draws on the findings of a study, carried out in Sweden and based on pilot schemes and assessments, to illustrate the link between security and participation in school planning and management. He goes on to show, using a case study conducted recently on the Strand school (*Strandskolan*) in Tyresö, Stockholm, that security has been an important factor in the choice of technical specifications but also in how the school is used and run.

The author poses three questions:

1. What are the implications of recent security trends for designers and managers of educational facilities?

2. How can security concerns be reconciled with the normal functioning of the school? Central to the debate is the notion of *responsibility*.

3. How should the link between schools and the rest of society be turned to good account to promote and ensure security? School planners are already familiar with the principle whereby schools should open onto the outside world since they are an integral part of their environment. The significance of the link between participation and responsibility is quite clear here.

Attempts have been made to identify the obstacles preventing security issues in the learning environment from being incorporated into discussions on school planning. Why are school planners seldom able to propose solutions adapted to the current and future needs of education? Why is the design of school buildings often so far removed from the functional and security-related needs of users? Why are there so many environmental problems and shortcomings in school buildings?

The survey revealed the following main points:

– the decision-making process is vital to co-operation;

– many decisions are taken before focus groups or project groups have begun their work;

– too little time is spent on studying plans and selecting materials;

– there is a lack of information about earlier decisions and how they have influenced choices;

– staff and local officials have insufficient training;

– architects have not worked closely with staff;

– previous projects have not been assessed;
– many decisions have been taken without sufficient discussion;
– the sharing of responsibilities between users and clients is ill defined;
– pupils are seldom involved in the process.

Hence a number of proposals were aimed proactively at establishing a close link between how the school is planned and how it functions. This means associating all the stakeholders, including architects, staff and school heads, well upstream in the decision process. It is vital that staff, architects and planners build relations of trust and mutual understanding if communication problems are to be avoided and the school buildings are to be safe.

The example of the *Strandskolan* in Tyresö Strand, Stockholm, highlights this. Here, all the planning, design and building-use features are based on the close involvement of users and the authorities, the outcome being that the *Strandskolan* has no security problems. If they were to arise, the very nature of the relations and responsibilities developed during the design phase and in the running of the school, all based on participation and integrated planning, is such that the problems would be addressed appropriately and safely.

The way in which the school is run is quite common in Sweden. It is less so in other OECD countries, and some details need to be given. First, it is a school that is *open* to other needs in the community. For instance, the school library has a computer link to the main city library; the various premises, spaces and workshops are used by local organisations in the evenings and at weekends; the restaurant and cafeteria are open to pupils and the general public; the leisure centre adjoins the school buildings for general use and its activities are part of the curriculum.

Educational activities are also organised in a highly original way. The teaching staff are split into small working groups. Each one is responsible for the classes assigned to it. The teachers keep the same pupils for a relatively long time. The working groups set their own timetable and are genuinely autonomous with regard to teaching. Pupils are closely involved and have considerable responsibility for their own education. On a day-to-day basis, the working methods allow them to plan, alter and assess the learning process and the learning environment. Computers obviously play a major role in these arrangements. The system also includes features commonly found in other education systems, namely class delegates and class councils, which help to train pupils to exercise individual and collective responsibility. Parents are always welcome at the *Strandskolan*. At the start of the school year, teachers and pupils discuss school activities and timetables.

As for the building, designed as a whole and not in piecemeal fashion to use specific materials or for specific uses, the same principles of participation and individual/collective responsibility have applied during the design phase and subsequently at the management and operational stage. With specific regard to the topic discussed at the seminar, efforts focused on the maintenance and design of accessible, repairable, replaceable systems and components, on energy use and the creation of an interior that is not energy-intensive. Individual behaviour therefore plays a vital role, particularly in the use of the ventilation system which is intentionally not automatic. The system is designed around its users. They must be able to operate a system that is easy to understand and maintain. Hence the installation of a heating and ventilation system that can be adjusted as required in each classsroom or part of the building.

OECD PUBLICATIONS, 2, rue André-Pascal, 75775 PARIS CEDEX 16
PRINTED IN FRANCE
(95 98 01 3 P) ISBN 92-64-05756-0 – No. 50056 1998